B2B業務 關鍵客戶經營地圖

一張A4紙，五大關鍵思考，
客戶從此不亂殺價不砍單，搶著跟你做生意。

《90%高級主管出身業務，B2B聖經》作者、B2B權威
吳育宏 ◎著

初步認識

什麼是B2B和B2C？兩者有何差別？

•B2C銷售：

當銷售的對象是個人，例如：賣商品給消費者、賣投資型保單給投資人，我們稱之為B2C（Business to Customer）。

•B2B銷售：

當銷售的對象是企業，例如：賣原物料給食品加工廠、賣螺絲給機械製造廠，就是所謂的B2B（Business to Business），亦即企業對企業的銷售行為。

初步認識　什麼是 B2B 和 B2C？兩者有何差別？

比較項目	B2C	B2B
客戶規模	較小	較大
客戶的專業程度	較低	較高
單筆成交金額	較少	較多
買賣雙方建立關係後	疏離而短暫	緊密且長久
買賣雙方的互動模式	單向（賣方積極說明產品特色）	雙向（雙方須多次討論、交涉）
客戶的需求彈性	較低	較高
採購流程（銷售週期）	較短	較長
決策人員及因素	單純（多為一個人）	複雜（多為一群人）
與製造商的距離	較遠	較近
簡報對象	一般人	大老闆、高階主管、專業人士
簡報目的	說服對方購買（一次性的）	締結合作關係（長久）
簡報內容	介紹產品或服務的優點	為對方整合產品介紹外的重要資訊（如：市場分析、競品調查等）
簡報重點	產品內容、價格	商品或服務能為對方帶來多少價值

初步認識　什麼是B2B和B2C？兩者有何差別？　002
推薦序一　B2B的理性說服力，也能貼心彈性嗎？／朱訓麒　011
推薦序二　紙上談兵？不，是縱橫多年的實戰經驗／何則文　015
推薦序三　經營客戶有地圖，就不會迷路無助／林哲安　019
推薦序四　提出好問題，才能得到好答案／林裕峯　023
推薦序五　B2B成功方程式，降低理解門檻／張邁可　027
前　言　B2B銷售管理有公式！不再憑感覺　029

第一章　**關鍵客戶經營地圖總覽**　035
1　你看到裂縫，我卻著眼風景　036
2　銷售過程的裂縫與風景　038

第二章　**價值鏈分析**　047
1　把工廠的精實管理帶入市場　049

CONTENTS

2 競爭不光存在產品間，而是供應鏈的角力 053
3 價值鏈上的四條高速公路：物流、資訊流、金流、服務流 057
4 讓我們盡快往「下游」移動吧 061
5 價值鏈分析的點、線、面 065
6 價值來自供應和需求的連動 068
7 未來價值鏈創新的主軸——物聯網 075
8 新的通路布局，給你新的出路 079
9 業務員與客戶，是雙向的各取所需 083
10 菜鳥倒資訊，老鳥賣情報 087
11 經濟規模不是優勢，夠快才能避開風險 091
12 與對手競爭，但也互相依靠 096
專欄1 價值鏈分析活用簡表 100

第三章

拆解關鍵成功因素

1 找出你贏的關鍵，還有對手的 105
2 成本、品質、速度，哪個是你的強項？ 107
3 不懂買方的問題，那就是賣方的問題 112
4 找出「數量」以外的交易籌碼 117
5 不要被性價比綁架了 121
6 同一場賽局，有人看到競爭，有人看到合作 124
7 為什麼二手車和新車，能從競爭變合作？ 127
8 一旦走入價格戰，買賣方雙輸 131
9 我就是不要標準化——差異化越高，競爭力越強 134
專欄2 拆解關鍵成功因素活用簡表 138

第四章

客戶旅程最佳化

1 何謂「B2B客戶旅程」？ 147
2 全方位經理人才都懂得拆解流程 149
3 破除穀倉效應，你的和客戶的穀倉 153
4 重要但不緊急的工作：流程最佳化 159
5 有品質的交易過程，就會有下一次的機會 163
6 誰是這個案子的利益關係人？你得找出來 166
7 拉高客戶的移轉成本，他就不能離開你 169
8 競爭力也能累積？請縮短三大學習曲線 172
9 服務力，就是我的超級競爭力 175
專欄3 客戶旅程最佳化活用簡表 179

第五章 聚焦客戶決策中心 187
1 B2B客戶經營的最大挑戰：複雜的利害關係人 189
2 客戶資料卡不能只放客戶基本資料 193
3 資訊也有軟硬之分，客戶吃軟不吃硬 197
4 調頻能力，就是你的人際溝通力 200
5 人脈管理的基礎建設：名片 204
6 成為最懂客戶而非最懂產品的人 208
7 顧客關係管理，質化和量化同等重要 211
專欄4 聚焦客戶決策中心活用簡表 214

第六章 價值方程式極大化 221
1 除了調降售價的其他可能 223
2 除了「性價比」的其他可能 226

3 價值就是你與終端消費者間的距離 229
4 價值的具體化、數字化和視覺化 232
5 評估投資報酬率，看長也要看短 236
6 客戶管理的三大新挑戰 239
7 影響客戶認知的心理暗示 243
8 五個觀念，讓自己成為高價值的工作者 247
9 趨勢大師眼中，專業人才的定義 251
10 用左腦溝通，成交卻得靠右腦 254
11 產品的溫度，能取代所有性價比 260
專欄5 價值方程式極大化活用簡表 263

結語 多摔幾次就會騎腳踏車了——銷售不用這樣學 269

推薦序一

B2B的理性說服力，也能貼心彈性嗎？

大航海電商諮詢執行長／**朱訓麒**

在長年輔導企業，協助他們轉型發展電商或建立品牌的過程中，我發現許多業者都面臨了選擇B2B或B2C模式的難題；也有不少企業根本不清楚B2B與B2C的差異，從一開始就走錯方向，採取了不適當的經營策略，消耗了大量資源，例如選擇不適當的產品、進入不具優勢的市場、採取不合理的銷售模式，或是選錯電子商務平臺。

令人眼睛為之一亮的是，本書解答了B2B與B2C模式的根本差異，點出企業人容易迷思的誤區，並提出關鍵客戶經營地圖的工具：以五個步驟，清晰扼要的帶領企業走出B2B迷霧，找到打動客戶的方程式。

企業該選擇B2B或是B2C商業模式，與其擁有的資源、核心能力、服務內容、產品屬性以及市場競爭等條件有關。在本書第二章，「價值鏈分析」就說明企業要根據產業競爭、整體環境、產業上下游的關係，去釐清自己所處的客觀位置。

接著要走向美好的未來，企業必須先知道自己的位置，這首先從產業分析開始，之後則必須再進行SWOT分析（SWOT分別指優勢、劣勢、機會、威脅），也就是書中第三章「拆解關鍵成功因素」，分析企業與競爭對手之間市場地位、優劣勢、品牌知名度等因素。

若以跨境電商為例，B2B與B2C商業模式最直接的影響，就是跨境電商平臺的選擇，B2B平臺以阿里巴巴國際站為代表，至於B2C平臺，則是以 eBay、亞馬遜（Amazon）為主，兩種平臺的營運概念有很大的不同，所提供的功能與解決的問題都不同。若價值鏈位於製造上游者，因為具備大規模買賣或工廠，所以適合B2B的阿里巴巴國際站；反之，若專精於小批量銷售給一般消費者，擅長溝通與宣傳，則可考慮B2C的亞馬遜和 eBay。

B2B模式的買家為了商業用途而採購，意味著他們會將產品再加工後出售，或是直接轉售給下游買家。因為在商言商，這般購買過程通常較為理性，購買單數少，但每次購買數量多，金額高。如阿里巴巴國際站的交易，相對於亞馬遜，單次交易金額通常就大許多，而從第一次與客戶接觸到完成訂單，經常需要幾個月的時間，當中流程包含了產品與公司介紹、樣品寄送、報價、協商交易條件、簽約、保險、付款與運送等，這就是本書第四章提到的「客戶旅程」。業務必須設法將整個旅程最佳化，取得客戶的信賴，才可能成交。

B2B常牽涉到不同層級的決策相關人員，產品使用者可能是一般員工，採購接洽者是採購人員，但最終決定者可能是部門主管。因此，本書第五章「聚焦客戶決策中心」教導我們如何洞察組織採購的核心人員與關鍵，讓銷售更有效率。

最後，B2B的買家是為了再銷售而購買，因此，我們必須提供整體解決方案，協助買家達到其目標，才能夠長久，這在本書第六章「價值方程式極大化」就有詳細的說明。

近來由於網路發展，廠商間溝通更容易，B2B有B2C化的傾向，透過吳育宏老師的《B2B業務關鍵客戶經營地圖》，我們可以學習更細膩精緻的溝通方法，擁有B2B的理性說服力，也有B2C的貼心與彈性。

推薦序二

紙上談兵？不，是縱橫多年的實戰經驗

《個人品牌》作者／何則文

當大是文化出版社邀請我為Oscar（吳育宏）老師這本精彩的新書寫序時，我實在又驚又喜。因為吳老師是我在經濟部國際企業經營班（ITI）的大學長，早在我還在念書時，他已經是國內首屈一指的B2B權威，也積極提攜後進。這十餘年間，老師不斷精練自身理論，也有更多深刻的產業經驗，讓每本書都越加深刻而精闢。

我自己也在貿協培訓中心上過許多堂老師的課，這些課程讓當時年少的學員們可謂醍醐灌頂，老師也成為我人生的典範人物。如果不是老師在前方引路，我今天也不會成為一名作家跟青年職涯講師。

在這本新作中，育宏老師再次精彩的為所有B2B領域的夥伴指引明燈。到底B2B是怎樣透過價值鏈的建構來創造出效益？我們又能透過怎樣的方法洞悉其中奧妙，進而抓到獲利機會點？在本書深入淺出的文字中，我們可以看到很高層次的戰略性思維。

商場如戰場，吳老師帶來的不只是紙上談兵的學術理論，而是根據他多年的實戰經驗，統整歸納出的必勝心法。如何從更宏大格局的視角，去看待競爭對手與自身的差異；處於劣勢的後進者要怎麼彌補弱項跟缺口；位居前列的領先者又要怎樣站穩腳步，把持住風口浪尖……針對這些，老師在書中詳細拆解了其中的機制跟邏輯。

同時，本書也從客戶的角度出發，用體驗旅程的概念，細心解說與客戶接觸的每一個時間節點，包括初次接觸、議價、出貨、售後服務等一系列流程，怎麼在這些點上做到面面俱到，讓客戶感受到專業、高效、貼心的服務，並藉著改善每個步驟，使自身的競爭優勢最大化。

而這過程中，如何跟客戶達到最有效的溝通，就如同《孫子兵法》說的知己知彼，百戰不殆。育宏老師提出了精彩的「聚焦決策中心」模式，讓談判能點到關鍵點，不僅只面對眼前的談判對手，更是進一步了解對方利害關係人中具有間接或直接決策權力者，對症下藥。

最後，透過專業的形象、有效而直觀的闡述，既可以使價值從縱向跟橫向全面展開，亦能讓客戶真正體認到自身的競爭優勢。這樣將實戰經驗積累下來的系統化理論，相信可以給許多Ｂ２Ｂ的銷售從業人員一個完整的全景圖。

我認為不管是初入職場的社會新鮮人，抑或是已經位居管理階層的資深經理人，甚至無論是不是第一線的銷售業務人員，即便你是內勤的行政人員，這本Ｂ２Ｂ領域的重量級巨作，都會是你絕對不能錯過的好書。透過本書，我們可以更深層的找到方法，創造機遇，為自己跟公司加值。

推薦序三

經營客戶有地圖，就不會迷路無助

商業暢銷書作家／林哲安

有幸可以為臺灣B2B銷售權威吳育宏老師的新書《B2B業務關鍵客戶經營地圖》做推薦。有些厲害的業務，會做不一定會教，會教不一定會寫，如今吳老師把他畢生B2B經營管理客戶的實務經驗，濃縮成這本書，只能說B2B業務有福了！

吳老師的前兩本著作：《90％高級主管出身業務，B2B聖經》、《讓90％大客戶都點頭的B2B簡報聖經》，前者教你如何做一位成功的B2B業務，順利拿到訂單；後者教你如何做一場成功的商務簡報，吸睛又吸單。而你現在手上的這本書，將引領你創造銷售旅程中最美的風景，讓你看見銷售全貌，提升經營績效。

我過去也做過多年B2B業務，深感跟B2C有很大的不同，回想以前有許多失敗經驗。在我人生第一次從事B2B銷售時，因為經驗不足，所以像是一位產品解說員，而不是結案高手。作者在書中提到，只會談「價格」和「規格」的業務人員，最終只會成為高效率的報價機器，豐富的產品資訊只能證明你是用功的業務員而已，但是和客戶一點關係也沒有……天啊！跟我以前很像！要跳脫這種現象，作者提供給你三個好方法，真的很實用，我就先不爆雷了，留給讀者自行體會。

另外，作者提到的「穀倉效應」，讓我想到過去有一次，歡天喜地簽到一大訂單，結果內部執行專業過程一團亂，美編人員怪行銷企劃，行銷企劃怪業務，業務怪客戶……如今客戶對產品和服務的期待越來越高，完整解決方案大都需要更複雜的專業分工。作者還提到，為什麼麥當勞排隊動線和櫃檯是垂直的，而星巴克排隊動線和櫃檯是水平的？這我一開始也不明白，看完才恍然大悟，並了解穀倉效應將導致企業內部因缺少溝通，部門間各自為政，只有垂直的指揮系統，沒有水平橫向的協調，嚴重時甚至會導致內部不合、阻礙專案進行，實在是一個很重要的環節！

綜觀本書，作者一開始用「有裂縫的水桶」寓言故事，引人入勝，讓我們知道，B2B業務要做好，不能只看冰山一角，而要整體思考。

按著《B2B業務關鍵客戶經營地圖》，慢慢往下走，作者提供了很多從開發到結案的觀念思維與做法，甚至還有專業的表格，讓「忙、盲、茫」的B2B業務人員，有了一個經營客戶的導航系統。

整體而言，這本書很適合兩種人閱讀：

1. 無論你是B2B業務新手，或是B2B業務主管，讀完本書後，你將在工作上更有方向並突破現況。

2. B2C業務也適合，因為書中提到許多業務銷售的觀念與技巧，只要是業務都適用。例如：資訊也有軟硬之分，客戶吃軟不吃硬，若能掌握客戶的軟資訊，就可以變成經營客戶最理想的「加溫器」；業務員與客戶溝通，就是一個左腦、右腦同時運作的過程，能夠左右腦並用，才稱得上是一名全方位的銷售專家；還有凸顯產品價值差異與效益的三個方法……。

願正在看此文的你，心動與行動吧，不只心動買下這本書，更行動落實這本書！

推薦序四

提出好問題，才能得到好答案

亞洲提問式銷售權威／林裕峯

關於B2B銷售管理方面的研究少之又少，不過本書，我認為是一本對B2B系統有貢獻的專業著作。

本書的邏輯結構，化繁為簡提出了關於B2B業務的系統論觀點，整個脈絡清晰，並以結構化的方式呈現「B2B業務關鍵客戶經營地圖」，而且每塊內容皆包含相關的策略與重點說明。相信這般淺顯易懂的語言，能夠較好的指導行銷業務及企業相關從業人員試著去實踐。

當然，本書還涉及了許多關鍵因素拆解知識，提綱契領的生動闡述這些基礎理論。只要依循這個邏輯，在任何產業都能快速掌握重點，創造突出的客戶經營績效，讓人得以少走很多彎路，且使人受益良多。

書中，作者提到他不斷自問以下問題：

「B２B客戶經營的本質是什麼？要達到什麼目的？」

「在那些非常成功的客戶關係裡，我們究竟做了哪些對的事情？」

「如何用最簡單的架構，呈現出最有深度的客戶經營方法？」

而在地圖探索．關鍵提問中，作者亦提出不少值得反思的問題，例如：

「我所處的產業中，價值是如何被創造出來的？又是透過哪些關鍵廠商／角色來執行？」

「我目前在產業鏈上扮演高附加價值或低附加價值的角色？」

優秀的B２B銷售人員必須知道，每個人之所以會有不同的成就，原因就在於所提出的問題不同，唯有提出好問題，才能得到好答案。針對目標市場、相關競爭結構和產品獨特利益這三個要素，我們可以用以下三個問題來提問，希望各位讀者能細心體會，勤加應用：

第一，我們的產品是賣給誰的？

第二，我們賣的是什麼？

第三，客戶為什麼要買我們的產品？

另外，本書分析在投入市場開發客戶的時候，須善用STP理論篩選客戶，並說明一個完整的目標市場行銷戰略，應該包括三個階段：一是進行市場區隔，根據客戶的不同需求，把客戶劃分為具有相似需求與欲望的客戶群，在這裡，每一個客戶群就是一個細分市場；二是進行目標市場選擇，透過評估細分市場，來選擇企業準備進入的一個或幾個細分市場；三是進行市場定位，亦即企業根據競爭者現有產品，在細分市場上所處的地位、客戶對產品屬性的重視程度，塑造出在特定細分市場上與眾不同的產品。

而且，我們都該重視八〇／二〇法則（The 80/20 Rule，又稱八二法則），把注意力集中到最重要的二〇%的事情上，這將使你以少獲多。因為在這個競爭激烈的飽和市場，很多客戶根本不在目標族群中，如果不懂得跟客戶說NO，就會花費太多時間去經營那些非目標客戶，反而無法全心集中在少數的關鍵客戶身上。

在本書中，B2B銷售管理傳遞的結構化公式，可以幫助你掌握其中的大部分銷售行為因素，不再憑感覺，能依循著本書的地圖去執行；對B2B銷售高手來說，本書是他們獲得知識的一個重要途徑。但是，光懂得這些知識遠遠不夠，你還必須把它們轉化成自己的技能，這樣才能實現成功。

也就是說，要想實現真正的銷售突破，你必須把作者所教的知識變成行動、把競爭性銷售的各個環節爛熟於心，使其成為自己的一部分，進而成為每日銷售工作中的習慣和下意識的反應。要做到這一點，你必須具備大多數人都不具備的特質——持之以恆。做到了這一點，你也就踏上了通往成功和改變命運之路。

無論哪個行業，無論什麼業務，總會有一位競爭者成為銷售高手。現在，你已經掌握了加入這個精英集團的工具，只要你有意成為其中一員，就可以按照本書提供的策略實現成功，這就是對本書的最大讚賞了。

推薦序五

B2B成功方程式，降低理解門檻

超級業務銷售YouTuber／張邁可

臺灣最權威的B2B業務專家——吳育宏老師又要出書了，受邀寫序，我當然義不容辭。

回想起二十年前，我還是B2B業務的菜鳥時，每一個擁有專業領域經驗的客戶，不只比我更懂得如何使用產品，對產業與市場資訊的理解也比我更深入。當時我有連續好幾個月的時間，每天晚上都在辦公室苦讀文件，挑燈夜戰準備隔天的提案與會議資料。那時，如果我手邊有這本《B2B業務關鍵客戶經營地圖》的話，我相信我的經營績效一定會有截然不同的成長曲線。

如果你已經準備好要了解一套精準有效的B2B成功方程式，而且也確實真心想成為客戶的開發、經營與管理專家，那就先恭喜你了！你找對作者，也挑對書了。不論你正處在業務職涯的哪一個階段，這本書都很值得你深入研究。

相較於B2C的銷售，B2B的業務型態更具挑戰性，除了要了解客戶所在的產業與市場、自家產品相較於對手的核心競爭優勢、每筆訂單的專案管理流程，還要知道在客戶群體決策的情況下，怎麼聚焦在正確的議題，為客戶提高效益與降低成本。

記住，客戶更在意的是企業整體能獲得的最大利益和價值，若你提出的差異化方案無法解決客戶的問題，就很容易落入比價的陷阱中；當你提供的獨特價值遠比價格還來得重要時，客戶自然會選擇你。

就如書中所說：「業務員需要具備的，不再只是解說產品、解除疑慮等表面的銷售技巧。當買家的專業程度不斷提高，膚淺的銷售只會帶來負面效果。」在客戶信賴你之前，你所要展現出的，是對於整個市場脈絡瞭若指掌的形象。而這條路沒有捷徑，你需要大量閱讀，如此一點一滴的累積，才能內化成自己的一部分。

作者用案例說明貫穿全書，以淺顯易懂的技巧輔助說明。我讀完後印象最深刻的，同時也是作者在結論提到的一句話，最能形容本書：「即使是任何產業或產品達人，都必須謙卑傾聽顧客需求。因為，你永遠會從他們身上學到東西。」

或許你在閱讀完這本書後，也會有跟我一樣的感想——看似複雜的B2B業務領域，似乎變得簡單許多！

前言

B2B銷售管理有公式！不再憑感覺

時間拉回到二〇〇九年，我在臺灣《經濟日報》專欄「業務最前線」的第一篇文章見報，想不到一轉眼已經超過十年。這十餘年間，我轉換過多種產業並擔任不同職務，唯一不變的是持續在「業務行銷」這個領域耕耘，而B2B業務（企業對企業的銷售）又是我著墨特別深的。

要維持這麼長的時間撰寫報紙專欄不中斷，除了要有紀律的擠出工作以外的時間，還有一大挑戰來自報紙篇幅有限，字數通常要控制在一千字以內。縱使我有再多的想法、再精彩的案例，也要用最精簡的方式走完內容的起、承、轉、合，這實在不是件容易的事。不過也因為這樣「化繁為簡」的磨練，對於我工作上的表達、溝通、管理、領導，都大有助益。

要做到化繁為簡，我認為就是把散落四處的東西重新排列組合，以達到「結構化」的目的。一個人說話時，腦中若有清楚的結構，表達自然會鏗鏘有力、游刃有餘。舉例來說，經理人在擬定策略時有清楚的結構，看似不相關的情報就可以各自歸位，避免混淆或失焦；專業知識有清楚的結構，才容易被分類、累積和傳承。

當我體會到「結構化」的好處，應用到行銷業務工作簡直是如魚得水。臺語有一句話叫「生理囝歹生」，意思是做生意、做業務的本領，不容易教導和學習。很多傳統產業的業務部門有產品的專業課程，卻沒有業務技巧的訓練，好像大家也習以為常。所以當我試著把銷售、談判的實務經驗結構化（簡化），變成淺顯易懂的語言，竟獲得超出預期的絕佳迴響。不僅資淺的業務同仁不再「瞎子摸象」，資深的業務主管也能夠溫故知新、舉一反三，突然間，銷售管理不再是那麼難以捉摸的工作。

從一張A4紙上誕生的成功方程式

過去二十年來，我所涉略的產業有上游的原物料、也有下游的消費品，有外銷為主的本土企業、也有專攻國內市場的外商公司，經營管理過的客戶從製造商、經銷商、通路商到終端用戶，幾乎涵蓋各種業務型態。透過長時間的接觸，我發現「B2B客戶」的開發、經營與管理，有一套共通的脈絡和成功方程式。只要依循這個邏輯，在任何產業都能快速掌握重點，創造突出的客戶經營績效。於是我把這一套邏輯以結構化的方式呈現，並命名為「B2B業務關鍵客戶經營地圖」。

為了完整拼湊出B2B業務關鍵客戶經營地圖的全貌，我重新檢視了過去直接或間接管理過的所有B2B客戶案例。在這個歸零思考的過程，我先把個別產業需要的專業知識排除在外，不斷詢問自己以下問題：

「B2B客戶經營的本質是什麼？要達到什麼目的？」

「在那些非常成功的客戶關係裡，我們究竟做了哪些對的事情？」

「如何用最簡單的架構，呈現出最有深度的客戶經營方法？」

很有趣的是，在我熬夜構思期間，發生了一起因禍得福的事件。這個「禍」就是我的電腦發生嚴重的軟體問題，我和工程師討論後決定重置系統，以至於我有將近兩個工作天無法正常使用電腦，大大影響我手上的各項工作。

不過伴隨而來的「福」，就是我不再被電腦螢幕「綁架」，可以從密密麻麻的資料中暫時抽離開來，進行比較有品質的思考。因此B2B業務關鍵客戶經營地圖的原始構想，是在一張A4紙張上誕生的。

我一方面不想遺漏任何重要的概念，盡可能納入B2B客戶經營的各種知識和技巧；另一方面，在A4這麼有限的紙張篇幅中，我又希望盡量把架構簡化，以免看得眼花撩亂、缺乏重點。換句話說，我期望用最少的文字，呈現出最多的內容。這是不是也算「少即是多」（Less is More）的概念？

各章重點

首先在第一章，我們會先化身一名要抬著兩個水桶上下山裝水的小和尚，大家可能覺得和尚跟業務沒什麼關係吧？但只要透過小和尚眼中及山路兩旁的風景，參透了某個道理，那麼你的業務工作，將能夠從根本改善。

接著，我們會從產業鏈的上、中、下游談起，釐清客戶所在的產業和市場，透過什麼方式來傳遞價值，其中包括有哪些廠商參與其中、他們各自主要的營運活動，以及創造了哪些價值。這是第二章所要探討的「價值鏈分析」。

第三章「拆解關鍵成功因素」，則是著重在我們與各競爭對手之間，市場版圖與優劣成敗的探討。市占率偏低的供應商，必須知道自己的弱勢、缺口何在；即使是已經搶占大餅的供應商領導者，也要知道自己在哪些項目居於領先，未來該如何維持。

第四章「客戶旅程最佳化」，這裡的客戶旅程意指客戶與供應商初次接觸、討論需求、尋求報價、產品測試，一直到正式簽約、量產、出貨、收款、售後服務等，就像經歷了一趟又一趟的「旅程」。對供應商來說，每一筆B2B訂單就像一個專案。專案推行需要人、時間、預算等資源的配合，因此也存在各種做得更好（最佳化）的空間。

第五章「聚焦客戶決策中心」圍繞在一切商業活動的核心——人。由於B2B市場的商業行為屬於群體決策，在利害關係人眾多的情況下，摸清楚客戶的組織現況就變得至關重要。如此業務人員才能和正確的對象、聚焦在正確的議題、以正確的方式溝通。

最後第六章是「價值方程式極大化」。所有的供應商都是為了創造客戶價值而存在，要擴大價值可以朝兩個方向來努力：提高效益、降低成本。B2B市場牽涉到的研發、生產、運輸、銷售等活動層面很廣，因此存在非常多提高效益、降低成本的改善機會點。若是能看到這些機會點，客戶管理的精益求精便永無止境。

從整體環境的價值鏈、競爭態勢的關鍵成功因素，再進入到完整銷售流程的客戶旅程，以及參與其中的客戶決策中心，最後是決定產品與服務競爭力的價值方程式，我把這五大面向組合成「B2B業務關鍵客戶經營地圖」（見下頁圖表0-1），也就是B2B銷售流程完整的「風景」。

圖表 0-1 B2B 業務關鍵客戶經營地圖

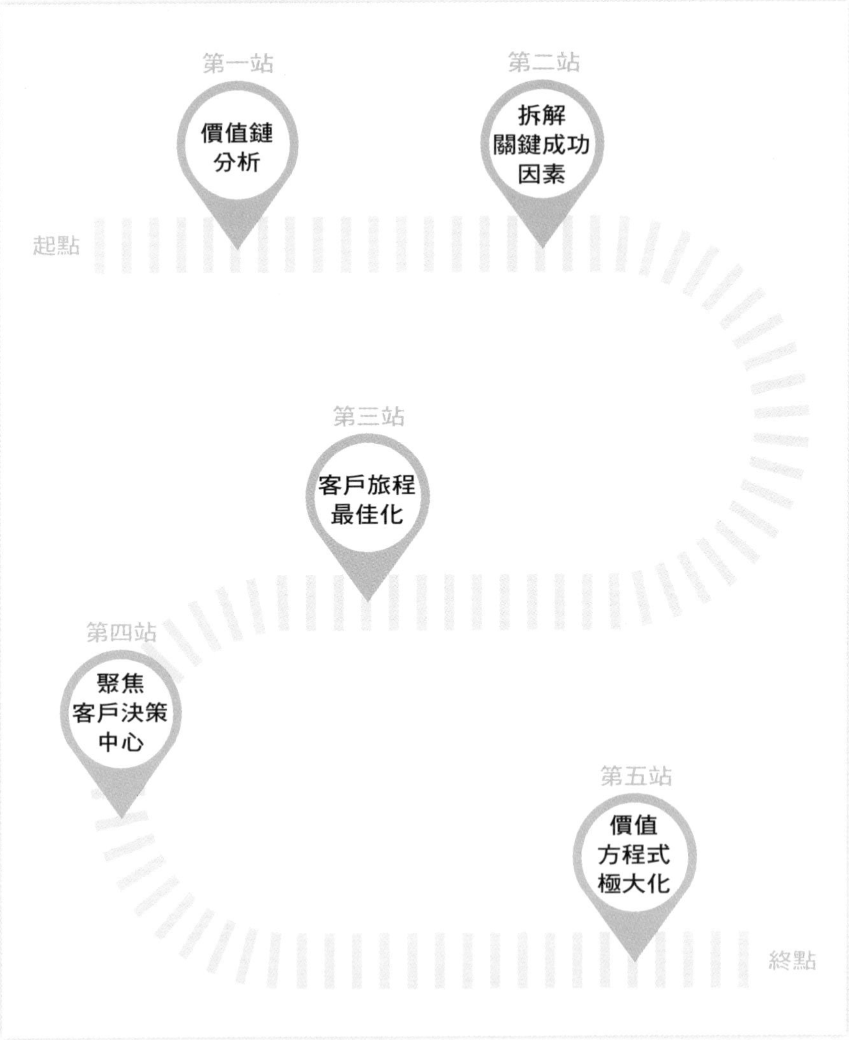

第一章

關鍵客戶經營地圖總覽

掃描看更多，
小和尚挑水遇到的裂縫與風景。

1 你看到裂縫，我卻著眼風景

許多B2B業務，只掌握了一部分的工作樣貌，在這般缺乏整體思考的狀況下，努力不但事倍功半，有時候還會產生諸多反效果。

一間位在深山的寺廟裡，有一位和尚，和尚每天都要挑著一根扁擔和兩個木桶，走很長一段路下山取水。其中一個木桶因為有裂縫，所以在長途跋涉的過程中，水同時會緩慢外漏。每當和尚從山下挑著水回到寺廟，那個有裂縫的木桶總是只剩一半的水，和另一個裝滿水的木桶形成強烈對比。

某天，這個有裂縫的木桶，路途中突然開口跟和尚說話：「很抱歉，我的裂縫讓你每天都少了半桶水。」和尚聽到後回答：「沒關係的，這完全沒有造成困擾。」

「怎麼會沒有困擾呢？我讓你每趟路途損失了這麼多水，和另一個木桶比起來，我真是慚愧啊！」聽到木桶這麼沮喪，和尚笑著回答：「那是因為你的眼光都放在『裂縫』上面，心裡面只想著損失了多少水。但如果你注意到沿途的『風景』，對得與失就會有不一樣的想法。」

接著和尚要木桶注意山路的兩邊，有個很有趣的現象——只見山路左半邊只有泥土和小石子，但同一條路的右半邊，居然長滿花草，兩旁景色截然不同。和尚解釋：「那是因為我每次都把你（有裂縫的木桶）背在右肩，如此沿途滴水，讓山路右邊獲得充分灌溉，結果日復一日，山路右邊就變得綠意盎然，無形之中造福更多人呢！」

木桶感到驚訝之餘，和尚接著補充：「所以眼光只放在『裂縫』，就只看到失去的部分；若視野可以拉大到整條山路的『風景』，就能有不同的收穫。著眼在『裂縫』還是『風景』，心境大不相同。」

這個寓言故事充分說明，建立開闊的視野和格局有多麼重要，而這也是我撰寫本書的初衷。在B2B（企業對企業）市場，個人銷售成績、企業經營成效的好壞，取決於多元且複雜的因素。為了掌握其中的脈絡，進而提升績效，業務團隊必須建立全方位的管理知識，就如同上述寓言故事中的和尚，要能夠看到整條山路的風景。然而在實務環境裡，我們卻看到許多B2B業務，只掌握了一部分的工作樣貌，在這般缺乏整體思考的狀況下，努力不但事倍功半，有時候還會產生諸多反效果。

2
銷售過程的裂縫與風景

如果你只計算有裂縫的木桶漏了多少水，它就變成很狹隘的議題，就像只考量採購成本的話，品質問題永遠無解。

過去幾年的時間，我以營運主管或管理顧問的身分，參與過數十個業務團隊的管理工作，跨足產業也不少，包括傳統製造、高科技電子、民生消費品、電子商務、物流運籌等等。

毫無疑問，業務團隊每個月被業績數字追著跑，多數成員都非常成果導向。但也由於太聚焦在「短期」產出，更容易忽略業務人員的產業知識、策略思考、專案管理這一類能力的長期培養。

業務人員只專注在短期績效，對周遭市場環境和整體戰略缺乏深入的思考，即產生所謂的「隧道視野」——越是沒有績效，就越急著找訂單，然後把自己限縮到更狹隘的思考，進入一種惡性循環。以下是一個實際的例子。

什麼情況下，客戶會欣然接受成本提高三〇％？

A公司是一家電子開關的製造商，負責供貨給大型機臺的組裝廠。在一次績效提升的顧問專案裡，我們調出前十大品項的客訴紀錄進行分析，發現某個型號的電子開關經常短路，原來是絕緣材質的保護性不夠。

這個問題事實上已經讓客戶端有不少抱怨，但是如同多數品質問題一樣，業務人員把它視為「重要但不緊急」的事，並未積極處理。直接面對客戶的業務部門都不著急了，內部的品管和研發單位當然更不會主動立案追蹤。

我找了相關主管召開檢討會議，聽聽他們的意見。研發主管表示，有另一種絕緣材質可以大幅改善現況，不過材料成本會提高三〇％。業務主管接著說，客戶的採購人員有每季降低成本的壓力，不接受更高的報價。

聽到這裡，我忍不住詢問大家：「所以即使品質不良造成的損失，包括重工費用、逆物流以及索賠金額，**加總起來已經遠超出那三〇％的材料成本**，我們仍然不採取任何行動嗎？」

問題的癥結就像「國王的新衣」般被揭開來，整個會議室靜默了許久，大家面面相覷。

尷尬了一陣子，業務主管總算開口：「不過我們缺乏足夠的資料來說服客戶，證明新、舊材質的差異和效益。」品管主管回應：「喔，這些材質證明都有電子檔，我們還有一些實際的測試報告，都很有說服力。」

接下來的討論，總算步入正軌，因為更換材質對上游製造商、下游客戶都有好處，幾乎是沒有懸念的選擇。

業務小辭典

- 重工（rework）：因成品有所缺失，便再次加工使其符合標準。
- 逆物流：即逆向物流，不合格物品的返修、退貨以及周轉使用的包裝容器，從需方返回到供方所形成的物品實體流動。

銷售過程的裂縫與風景

上述狀況並非罕見個案，其實經常發生在各種行業、各種組織當中，端看有沒有人掀開國王的新衣罷了。我把「提高三〇%成本」，稱為銷售過程的「裂縫」。如果你只計算有裂縫的木桶漏了多少水，它就變成很狹隘的議題，就像只考量採購成本的話，品質問題永遠無解。令人驚訝的是，現實世界中許多B2B業務人員、組織內部的後勤支援單位，經常只從自己單一的角度看到那道裂縫，那麼他們所面對的客戶，理所當然也只把焦點放在裂縫上頭。

如果有人能串聯、整合各方意見，領導專案團隊看清楚整條路的「風景」為何，B2B客戶經營的瓶頸就能順利突破，而給人目光如豆印象的銷售人員，也能藉此提升到諮詢顧問的層次。

本書的主旨，就是引領業務團隊，看清楚銷售旅程中完整的風景。如果能照著本書經營地圖的指引，一步步釐清銷售過

裂縫 提高30%成本 風景 重工費用、逆物流以及索賠金額大幅降低	➔	隨著焦點轉換，從銷售人員，提升成諮詢顧問

程可能存在的盲點，進而用更深入、更全面的角度看待銷售活動，我有十足的信心能提升業務人員、業務主管和企業主，經營B2B客戶的高度與深度。

B2B業務關鍵客戶經營地圖階段說明

以前述「提高三〇%成本」的例子來說，價格的高低只是公司價值方程式中的貨幣成本而已。當我們大面向分析了整個產業與市場環境（第一站「價值鏈分析」）後，把各種成本、效益（第二站「拆解關鍵成功因素」）攤開來檢視，就不會糾結於價格這樣單調的議題。

若是再往後看到第三站「客戶旅程最佳化」（改善專案流程），又可以進一步盤點成本提高或降低的可能性，從專案經理的角度來綜觀全局。

再者，第四站「聚焦客戶決策中心」牽涉到了許多不同角色，未必所有人都認為價格偏高，或許技術、工程、生產單位的負責人，比較有機會看到、認同價值所在。在我們掌握客戶端完整的決策群體之前，千萬不要太快下結論。

任何與客戶有關的議題，都能透過B2B業務關鍵客戶經營地圖（見圖表1-1），從點擴大到線與面，確保決策與執行的品質，達到第五站「價值方程式極大化」。

圖表 1-1　B2B 業務關鍵客戶經營地圖

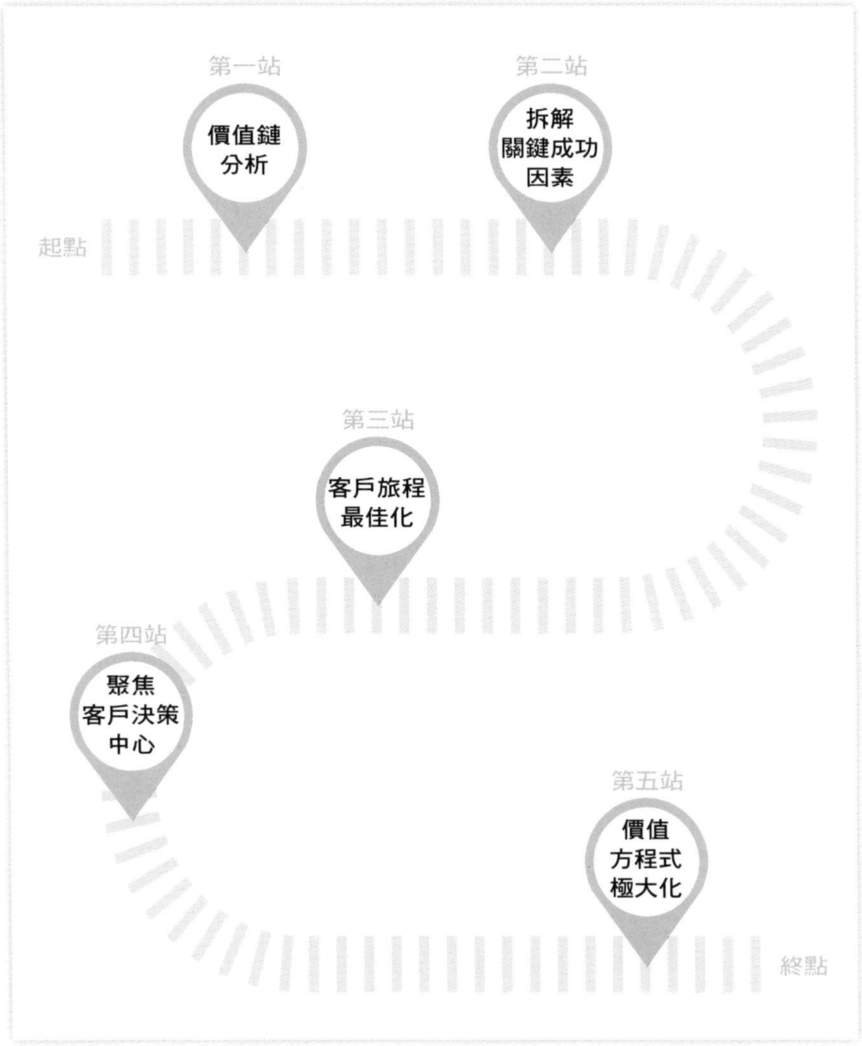

B2B業務關鍵客戶經營地圖研習營現場報導

過去幾年以來，我利用B2B業務關鍵客戶經營地圖的架構，以研習營（workshop）的形式，協助許多企業把B2B客戶管理的策略具體化、行動明確化，獲得非常好的成效。

研習營和一般企業教育訓練課程最大的不同，就是事前的準備工作。為了正確掌握企業的現況與問題，我會依據產業別、公司營運型態等，先取得該企業客戶經營的部分基礎資訊，像是前十大客戶清單、

客戶組織圖、歷史交易紀錄等，進行初步研究與診斷。

根據診斷的結果，我再與企業主或業務主管進一步討論，研習營要達到的戰略目標為何。每家公司的狀況不同，有些公司營收停滯不前，急著開發新客戶；有些公司客戶的數量不成問題，而是訂單的毛利過低，因此不同公司的B2B業務關鍵客戶經營地圖，當然也有不同的重點。

除了顧問專案團隊本身的準備工作之外，我也會指定參與研習營的主管同仁，要

（接下頁）

在研習營開始前的二至三週，蒐集與彙整客戶相關的資料。這些準備工作，都是為了讓研習營進行相關討論時「拳拳到肉」，而不是「隔靴搔癢」。舉例來說，當要討論「訂單流程如何優化」，學員手邊馬上就有詢價單、報價單、正式訂單、出貨文件等可以拿出來檢視，許多實務上會發生的問題也就一一浮現，而不是流於概念性的描述。

B2B業務關鍵客戶經營地圖研習營還有一項特色，那就是我非常鼓勵企業安排「非業務部門」的主管和同仁參與。B2B客戶經營原本就是一種「團體戰」，我們需要業務人員更了解內部流程，也希望後勤人員更清楚外部市場發生什麼事。透過研習營，多數企業的橫向、縱向溝通皆有所改善，內部和外部的訊息也充分交流，而這都是B2B客戶經營的成功要素。

第二章

價值鏈分析

掃描聽更多，
本章關鍵字：「環境」。

地圖探索・關鍵提問

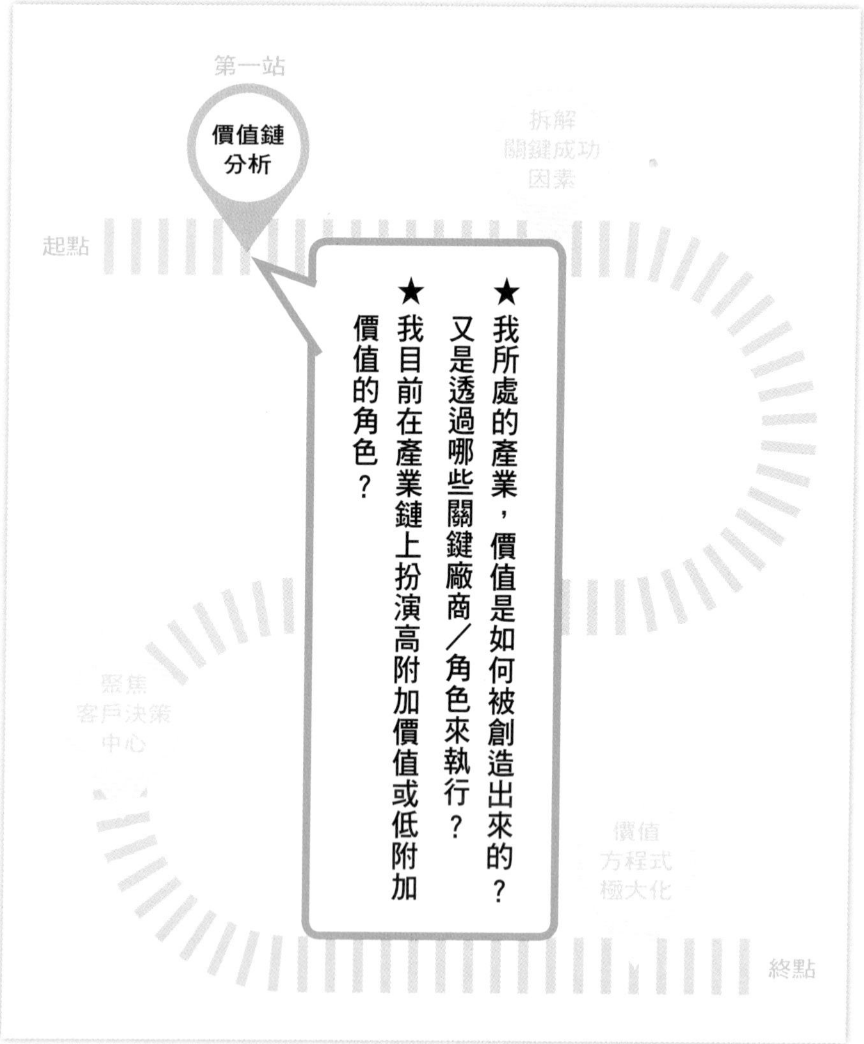
第一站
價值鏈
分析
起點
拆解
關鍵成功
因素
★我所處的產業，價值是如何被創造出來的？
又是透過哪些關鍵廠商／角色來執行？
★我目前在產業鏈上扮演高附加價值或低附加
價值的角色？
聚焦
客戶決策
中心
價值
方程式
極大化
終點

1 把工廠的精實管理帶入市場

流程拆解、浪費消除、效率增加，應該更全面的應用在整個消費流程，甚至是價值鏈上，從客戶的觀點來檢視供應鏈和服務流程的每個細節。

週末晚上，當我進入超商拿了飲料準備結帳，不料排在前面的顧客發生了麻煩。只見她拿著一張網路購物的取貨單，但是店員搜尋不到電腦資料，只能慌張的敲著鍵盤，外加沒有頭緒的翻箱倒櫃。

在這個長達五分鐘的過程，排在我後面的三位顧客和我一樣，手上都只拿著簡單的一、兩樣商品，卻不幸「捲入」不熟悉操作的服務員流程裡。放回商品離去顯得沒有風度，留下來等待不但遙遙無期，還繼續給這位滿頭大汗、被一群人盯著看的超商店員增加壓力。

而最煎熬的，莫過於那位網路購物取貨的顧客，身後是一排盯著她看的顧客（雖然大家都知道不是她的錯），前面是令她心急但又幫不上忙的店員。

終於在五分鐘後，電腦傳來「嗶」的一聲、順利結帳完成，拯救了大家。我不知道是商品條碼、電腦系統或是哪個環節出了問題，但我知道它讓包含顧客在內的五個人，都等了五分鐘（五分鐘×五人＝二十五分鐘），並且幫這家超商和網購業者，做了一次效果強大的負面宣傳。

消費失效？向製造業借鑑

美國的精實企業體學院（Lean Enterprise Institute，簡稱ＬＥＩ）創辦人詹姆斯・沃馬克（James P. Womack），把前面提到的顧客乾等這種現象，稱為「消費失效」，即消費過程中無意義、無價值的活動。如果我們仔細觀察，它每一天都在我們的生活中不斷發生。

當眾人大聲疾呼，臺灣經濟命脈要從傳統製造業轉型到加值服務業的過程，企業經理人的思維也必須**從工廠內的「精實生產流程」，提升到市場上的「精實消費**

流程」（見圖表2-1）。我們在製造業所熟悉的流程拆解、浪費消除、效率增加，應該更全面的應用在整個消費流程，甚至是價值鏈上，從客戶的觀點來檢視供應鏈和服務流程的每一個細節。

在成熟市場，行銷4P（產品、價格、促銷、通路）的差異化難度越來越高，而且那是來自「賣方」的觀點和語言，真正的主角應該是「買方」才對。就以困在超商隊伍中的我來說，其實沒有那麼在乎產品的價格或促銷方式，畢竟當我走進這樣的通路，而不是量販賣場，已經自動將自己的價格敏感度降低。

但是我真的期待下次遇到更有效率的流程，可以解救排隊等候的我們，以及那位尷尬、生氣又無奈的顧客。當然，還有那名汗

圖表2-1　用客戶觀點來檢視——精實管理

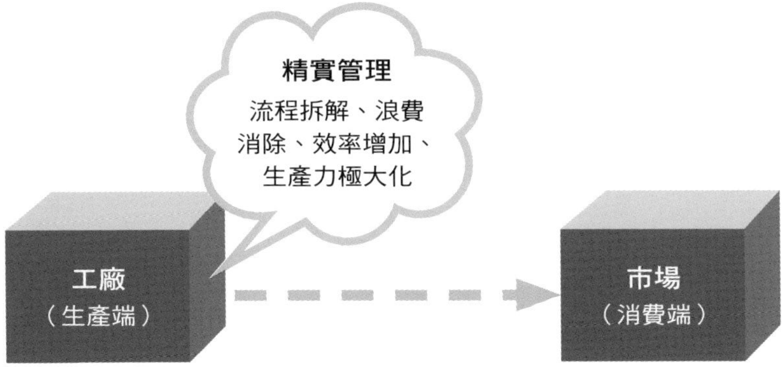

如雨下的超商店員。

業務小辭典

- **價值鏈（value chain）**：由著名管理學家麥可·波特（Michael Porter）提出。波特指出企業要發展獨特的競爭優勢，為其商品及服務創造更高附加價值，商業策略是結構企業的經營模式（流程），成為一系列的增值過程，而此一連串的增值流程，就是「價值鏈」。
- **行銷4P**：來自價格（price）、產品（product）、促銷（promotion）和通路（place）。

2 競爭不光存在產品間，而是供應鏈的角力

不僅要走出企業大門去了解客戶，更要走出自己的產業大門去了解整體經營環境。產業革命的速度和幅度，比你我想像的還快。

當超商通路有越來越多3C產品的預購取貨，對一般人而言是消費習慣改變，對廠商而言則是「競爭型態」轉變，或者說是逐漸發生中的「產業革命」也不為過。

以往談論競爭，不管是完全競爭、獨占、寡占等競爭態勢的類型，或是差異化、低成本、專精等競爭策略的分析，通常都在同一產業、同一市場的框架之下，也就是有明確的界線。然而，如今的市場環境已經從「廠商競爭」轉向「通路競爭」（見下頁圖表2-2）。更廣義的來說，不同供應鏈（價值鏈）之間的角力，激烈程度更勝於一般消費者見到的產品、品牌之間的競爭。

圖表2-2 競爭改變趨勢

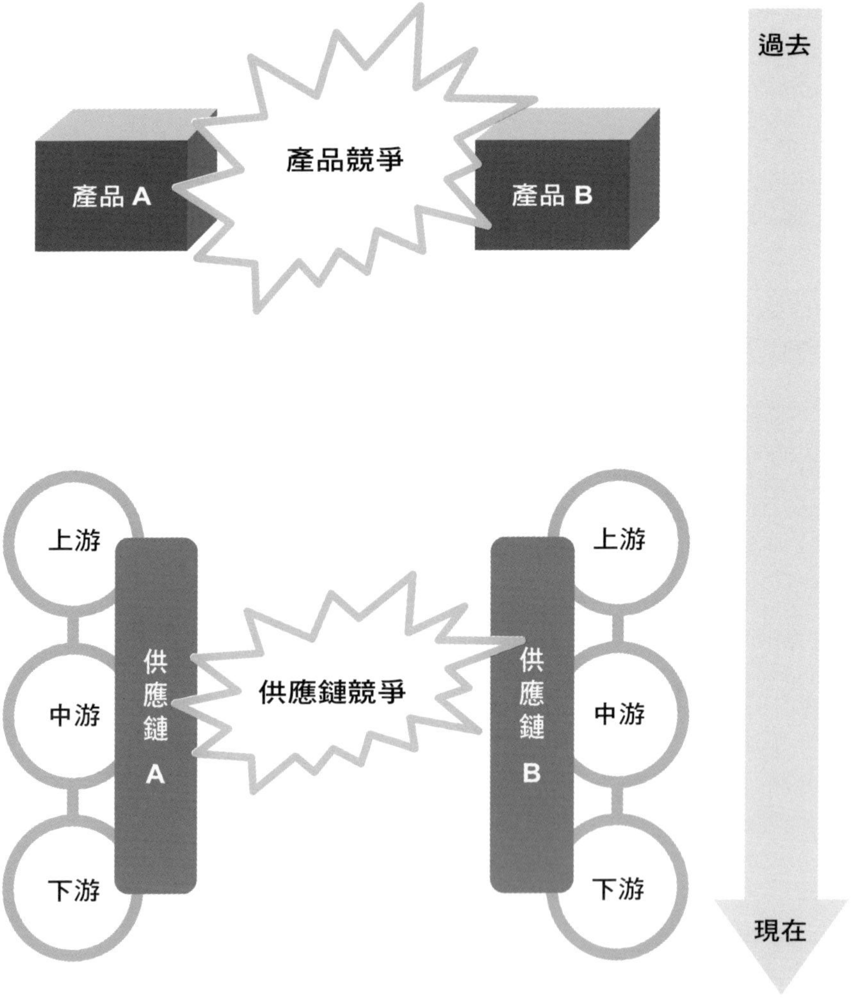

而這對企業的意義，是真正的競爭對手（競爭力量）可能來自不同產業、不同市場，在擬定中、長期的競爭策略時，眼光當然也不能局限在所屬產業的現有廠商。

以超商通路為例，當多角化經營成為既定趨勢，它所衝擊到的不只是傳統的「雜貨店」，而是人們食、衣、住、行、育、樂的傳統通路，都被重新洗牌。在全球超商密度排名第一的臺灣（兩千三百萬人口，二〇一四年超商數量突破一萬家），不難想像產業受到的衝擊，以及市場洗牌的速度。

同業競爭過時了，得考慮替代品的威脅

市場洗牌的現象不僅出現在消費市場，工業市場（B2B）也不例外。

在某次演講場合，我和一家精密感應器的製造商談論到他們的市場開發策略。這家公司的產品應用在半導體、光電產業的精密量測機臺，過去累積了相當不錯的口碑與客戶基礎。在價格導向的客戶群中，他們的競爭對手是中國大陸的低成本廠商；在品質導向的客戶群中，競爭者則成了具有技術優勢的日本廠商。

然而，如果思維只放在降低成本、提高良率這些既有產品的領域內，供應商根本忽略了真正威脅是來自「替代品」，也就是未來新的機臺，有可能朝減少或完全不

使用感應器的方向設計（見圖表2-3）。換句話說，最大的威脅不是來自同業（感應器），而是客戶端整體產品（機臺）設計的走向，以及其他替代品能否成功攻占這個產業。

當通路競爭、產業鏈競爭、價值鏈競爭的強度，已經高過單一市場內同質廠商競爭的強度，企業不能再閉門造車，也不適合固守舊思維和舊方法。我們不僅要走出企業大門去了解客戶，更要走出自己的產業大門去了解整體經營環境，畢竟產業革命的速度和幅度，比你我想像的還快。

圖表2-3 以精密感應器製造商為例，供應商的真正威脅

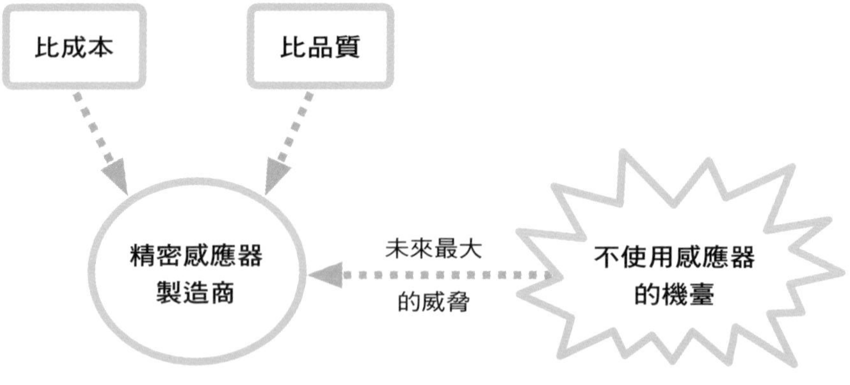

3 價值鏈上的四條高速公路：物流、資訊流、金流、服務流

為了釐清價值，我們不能只看賣了什麼產品給顧客（物流），而是全面檢視顧客接收價值的方式（資訊流、金流、服務流）。

臺灣在一九七〇年代到二〇〇〇年代的經濟起飛，靠的是國際貿易與製造加工，貿易商的利潤來自買進賣出的價差，製造商則是將重點放在工廠生產力。這些商業模式促成了臺灣廠商一流的「控制成本」能力，但是對於「創造營收」則顯得保守及缺乏策略。「業務」（sales）策略相對弱勢，更不用提「行銷」（marketing）遠遠落後於歐美了。

由於臺灣太聚焦於產品而非服務，太重視硬體而忽視軟體和系統整合，在產業鏈中創造價值的空間自然受限。在產品同質化更高、硬體差距更小的今日，要是沒有擺

脫這樣的盲點，單一企業甚至於一整個產業，都會面臨被淘汰的風險。

今日企業不是為了「製造產品」而存在的，它們是要為顧客「創造價值」。產品只是一種手段、一個配角，真正的主角是顧客。所以為了釐清企業傳遞什麼價值給顧客，我們不能只看賣了什麼產品給顧客（物流），而是全面檢視顧客接收價值的方式（資訊流、金流、服務流），從中找到改善、創新的空間。

站在顧客角度，思考如何提高價值

資訊流最佳化有何結果？顧客關係管理系統會在掌握消費者特性與習慣後，在適當的時機、傳送適當的訊息給需要的顧客，如此促成更多交易。

線上購物（網站或行動裝置）因為付款流程更簡化，或者更友善的介面縮短了操作時間，爭取到更多顧客，這是金流最佳化帶來的價值。

至於服務流則有永無止境的改善點，諸如餐廳從顧客角度出發，重新檢視訂位、點餐、用餐、結帳等流程，藉以提高顧客忠誠度。當然在最傳統的物流管理，仍然充滿許多減少浪費、提高效率的空間。

新興國家的運輸網絡還有許多基礎建設待加強，這是最初級的改善；已開發國家因為電子商務的快速成長，產品的流動會從傳統經銷配送通路，轉移一大部分為少量多樣訂單，直接交到消費者手中，這是進階的管理議題。而創新商業模式例如：產業整合、通路整合等帶來的物流革命，有更多創造新價值的空間。

其實任何一門生意遇到瓶頸，都可以用這樣的邏輯來思考改善空間。

舉例來說，假設你是夜市的一家章魚燒攤販，要不要增加口味選擇屬於「物流」；「金流」的部分你要思考收款、找零的過程是不是夠快速、夠衛生；「資訊流」則是能不能更有效的把傳單、折價券，送到附近的潛在顧客眼前；「服務流」方面要分析排隊動線是否流暢，能不能減少顧客等待時的不適感等。這些思維可以提高任何生意的競爭力，也是所有企業經營者要不斷學習的課題。

過去亞洲企業從製造、加工、代工等「供應鏈」上取得一席之地，如今歐美消費市場疲軟、經濟發展成長有限，全球「需求鏈」的重心也要移轉到亞洲。

舉例：章魚燒攤販

物流　口味、品項	金流　收款、找零
資訊流　傳單、折價券	服務流　排隊動線、顧客心情

如果我們看得到產品和硬體以外的價值為何，從連結上、下游廠商的四條高速公路——物流、資訊流、金流、服務流（見圖表2-4），找到更多改善和創新空間，亞洲企業才能真正主宰全球舞臺。

圖表2-4　連結上、下游廠商的四條高速公路

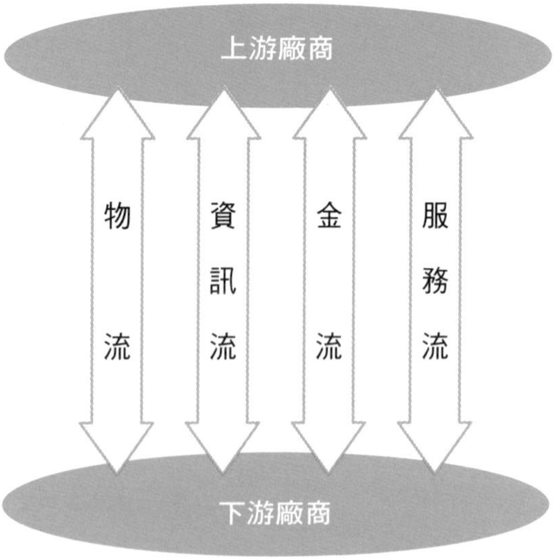

4 讓我們盡快往「下游」移動吧

當市場遊戲規則改變、新的需求出現，「守」在上游的企業，自然成了反應速度慢、不具競爭力的被動角色。

從早期的貿易、製造、出口型經濟體，到以半導體為首的科技產業，「專業分工」創造了臺灣無數的經濟榮景，晶圓代工即為一典型範例。

在晶圓代工廠出現之前，全球的晶片設計公司要生產晶圓，只能向具備垂直整合製造能力的廠商購買多餘的產能，不但產量有限，生產製造的彈性與速度都大受限制。以台積電為首的晶圓代工廠出現之後，專注於積體電路的技術開發和製造，澈底詮釋專業分工的意涵，顛覆全球半導體產業的生態。

臺灣的紡織產業僅次於電子、金融，屬於第三大產業，同樣因為綿密的產業分工，在生產技術、研發能力等方面，建立傲視全球的競爭力，為臺灣帶來龐大外匯。

然而，正因為**太過依賴專業分工的商業模式**，臺灣製造業廠商在經濟型態丕變、產業結構轉型的過程，**也面臨「不夠了解市場」的窘境**。由於長期處於工業市場（B2B），臺灣企業多專注於直接客戶的經營，像是下游的製造商、系統整合商、代理商、貿易商等，卻對終端市場、終端用戶（消費者）的掌握相當薄弱。

這讓我想到某次，一家運動器材的製造商業務員問我，經銷商客戶不斷要求降價，甚至以轉單作為威脅手段，他該如何應對？我反問他對當地市場的零售價格、行銷通路的狀況掌握多少，他表示這些情報長年都掌握在經銷商手裡，他也無暇了解，難怪會被下游的客戶予取予求。

企業經營該怎麼做？最好力爭「下游」

當市場遊戲規則改變、新的需求出現，「守」在上游的企業，自然成了反應速度慢、不具競爭力的被動角色。而不管是半導體、紡織或者傳統製造業，普遍有兩大特點（見圖表2-5），對上游廠商的營運產生越來越大的壓力。

第一，越往上游經營，資本支出的投資金額、風險越高。紡織產業從中游的染整、織布、紡紗，到更上游的人造纖維、石化原料廠，建廠所需的投資金額節節高升。至於半導體業，更是不在話下。

第二，產品的附加價值，卻是越往下游空間越大。紡織業的人造纖維、紗線、布料，在上游的交易為紅海市場，這是因為產品差異化空間有限，且經濟規模具主宰地位。但是到了下游的成衣甚至品牌市場，產品的零售單價卻可能被拉開到數倍之多。其他像是消費性電子產品、民生用品，廠商的獲利空間也多呈現「上游低、下游高」的現象。

若是體認到上述的產業生態現

圖表2-5　兩大市場現象，給上游廠商莫大壓力

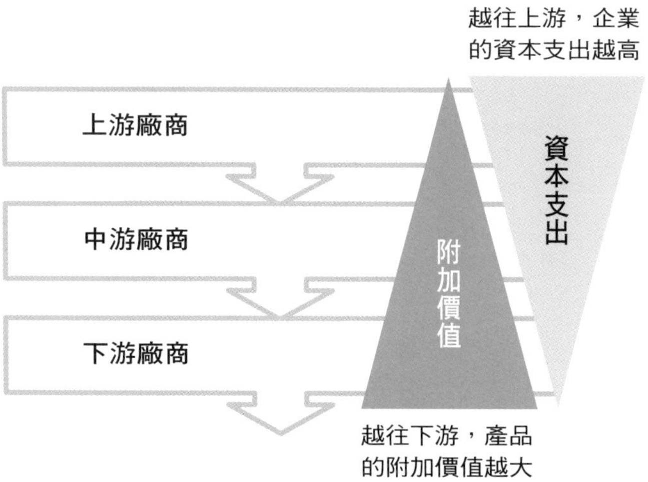

實，如何往市場的更下游、更貼近終端顧客的方向耕耘，已經是企業乃至於政策制定者刻不容緩的議題。

業務小辭典

- 紅海市場：指已經存在、標準化程度較高、競爭比較激烈的市場。與之相對的稱為「藍海市場」，指的是當今還不存在的產業，即未知市場空間，代表著亟待開發、創造新需求，以及高利潤增長的機會。儘管有些藍海完全是在已有產業邊界以外創建的，但大多數藍海，是透過在紅海內部擴展已有產業邊界而開拓出來。
- 規模經濟：隨著企業擴大生產規模，產品的平均成本得以降低，企業藉此享有競爭優勢。

5 價值鏈分析的點、線、面

物聯網時代的真正挑戰，不在於單一個點的技術問題如何突破，而是眾多個點連接成線和面後，如何創造出新的價值鏈和商業模式。

全球零售業的低迷，其實不單只是「網路購物」搶奪零售市場所造成，它還反映出製造業產能過剩、供過於求，以及產品生命週期縮短，反應較慢的傳統通路失去競爭力等結構性問題。既然是結構性問題，就要從單一個「點」擴大到「線」和「面」，亦即系統性的策略思考。

臺灣企業過去的優勢是品質良率、產能利用率、成本結構，但如果只是專注在研究網路頻寬，或是研發更便宜、更快速的連網裝置，是創造不出谷歌（Google）、臉書（Facebook）這種企業的。跨出自身的產業領域，看到不同商業生態系統之間整合的可能性（線上與線下、上游與下游、B2C與B2B、傳產與高科技等），才有機會找到新的價值。

管理學家麥可・波特在二〇一七年日本PTC論壇上，以一支網球拍為例，談論物聯網時代的經營策略。這支由法國公司百保力（Babolat）所設計的網球拍，可以透過網拍表面安裝的感測器，記錄選手揮拍時的擊球位置、角度、力道等數據，再傳輸到後端的資料庫進一步分析。可想而知，這樣的應用對運動員的訓練大有助益。

業務小辭典

- **物聯網**：是網際網路、傳統電信網等的資訊承載體，讓所有能行使獨立功能的普通物體，如車輛、機器、家電……經由嵌入式感測器應用程式介面等裝置，透過網際網路所形成的訊息連結與交換網路，實現互聯互通。

看到網球拍這個例子，我不禁想起臺灣也是網球拍產業的全球龍頭，從早期為歐美品牌代工，到占據產品開發中不可取代的地位，臺灣產業研發與製造硬體的能力毋庸置疑。然而，在「連網產品」（connected products）發展越來越成熟、市場的餅越做越大的過程裡，有更大比重的價值來自於跨界整合、異業合作，以及深入理解消費者所開發出的新應用、新需求，這些都是臺灣廠商在追求「運算速度」之外，更應該多加著墨的部分。

物聯網時代的真正挑戰，不在於單一個點的技術問題如何突破，而是眾多個點連接成線和面後，如何創造出新的價值鏈和商業模式（見圖表2-6）。換個角度來說，把眾多「數據」連結在一起並非難事，該怎麼把眾人「智慧」相互連結，才是物聯網時代勝出的關鍵。

圖表2-6　突破點、線、面，創造新價值

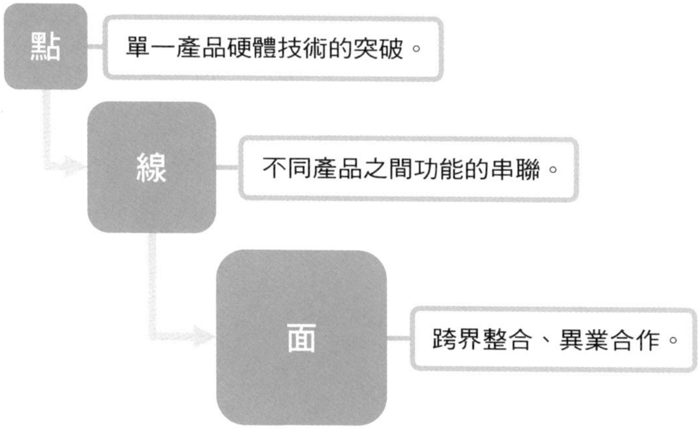
點
單一產品硬體技術的突破。
線
不同產品之間功能的串聯。
面
跨界整合、異業合作。

6 價值來自供應和需求的連動

在這樣一個需求鏈變化越大且越快的時代，B2B業務人員若能越精準的掌握客戶需求，就能創造越高的價值（供給）。

過去的企業要提高營收，都把主要焦點放在市場上，包括：了解目標客戶、研究競爭對手等。然而近年來新科技、新技術的出現，已經讓產業浪潮的衝擊力、影響力，遠高於市場內的競爭活動。簡而言之，對B2B業務人員來說，「產業」應該是排在「市場」之前的關鍵字。

舉例來說，諾基亞（Nokia）不是被同類型的手機打敗，而是沒有追上數位化、網路化的產業趨勢；擊垮柯達（Kodak）的不是它視為主戰場的類比相機，而是當初被柯達定義為另一個市場區隔的數位相機。若是行銷業務人員的眼光只局限在「市場」，將很難在未來的環境中競爭。

所以我認為行銷業務管理系統（Marketing & Sales Management System）的第一個模組，也是最重要的地基，是商業模式。我們也可以稱商業模式為「企業創造價值的方式」，它又分成兩部分：**供應鏈**、**需求鏈**。

供應鏈和價值鏈的組成，決定一家公司的價值

早期的豐田生產模式、精實管理、六標準差，是以「控制」的概念來進行標準化管理，著重於生產力、物流運籌等供應鏈最佳化。這些看似工廠內的議題，其實也是二〇一〇年代之後，拉動行銷業務的重要元素之一。

快速時尚品牌如Zara（颯拉）、Uniqlo（優衣庫），就是靠重新打造供應鏈，來建立新的競爭力和市場遊戲規則。如我們所看到的，它們都曾經獲得巨大的成功。

另一方面，需求鏈是未來更大的挑戰。少量多樣、客製化的市場趨勢不會回頭，它代表的是需求更多元、更分散、更難以預測。正因如此，越貼近市場前線、越了解客戶需求的企業，將會掌握越多的主動權和獲利空間。

業務小辭典

- **豐田生產模式**：一種「多樣少量」的生產概念，主要目標是杜絕浪費，包括等待的浪費、搬運的浪費、不良品的浪費、動作的浪費、加工的浪費、庫存的浪費、製造過多（早）的浪費。
- **六標準差（Six Sigma）**：一個組織的管理策略，其目的在能利用各種品管、統計與管理科學的方法論，來有效的辨識與移除流程中潛在的錯誤與瑕疵點，並將產品製造與管理流程的變異降至最小，追求產品品質的穩定與不斷的改善。
- **快速時尚**：又稱作快時尚，是指可以在很短的時間內，將時裝週中展出的潮流服飾推出的商業模式，使消費者不用等待太久，就能以相對低廉的價格，買到新潮的服飾。

透析「供應鏈」和「價值鏈」的組成，才能看清楚一間公司或一個產業的價值系統（value system）（見圖表 2-7）。

在標準化產品的利潤不斷被壓縮的趨勢下，商業價值將會從有形的硬體，逐漸轉移到無形的競爭力，包括：專業知識、技術支援、問題解決、風險預防等。因此，釐清我們提供給客戶的「價值」建立在哪些面向上，是未來行銷業務人員最重要的課題。

在越來越複雜的經營環境下，找到正確的商業和營運模式，不再是集中於少數管理高層的工作，因為動態的決策，需要依靠的是群體智慧。

全球供應鏈轉型的縮影：耐吉

因為需求鏈特性改變，其所帶動的供應鏈轉型（見下頁圖表2-8），已經發生在食、衣、住、行、育、樂的各個層面。

圖表2-7　從供應鏈和需求鏈，怎麼創造價值？

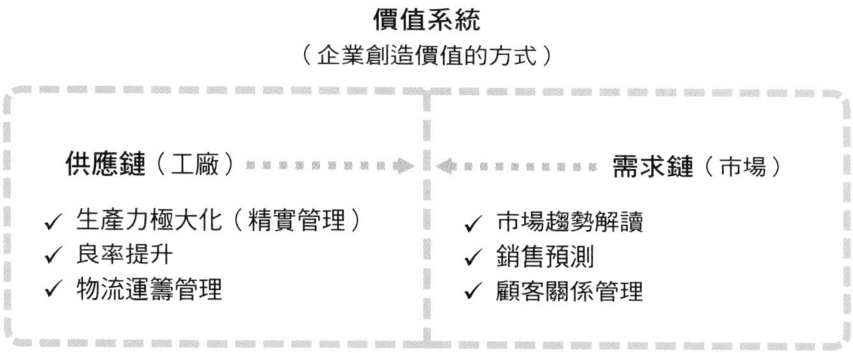

長期稱霸全球體育用品市場的「耐吉」（Nike）首當其衝，在二○一七年進行多項變革。最令人矚目的是，在營業額仍然呈現成長的這一年，耐吉宣布裁員一千四百人，約占全球員工的二％；更大的變動是，耐吉同時關閉二五％的生產線，而留下來的七五％生產線，用來生產更多種類的鞋款。其實這正是全球供應鏈轉型的縮影：用更精簡的產線規模，生產更多品項的產品，以回應終端市場少量多樣的趨勢。

耐吉的大刀闊斧其來有自——因為實體通路銷售不斷萎縮，早已經衝擊許多傳統品牌，過去耐吉在

圖表2-8 生產導向與市場導向的差別

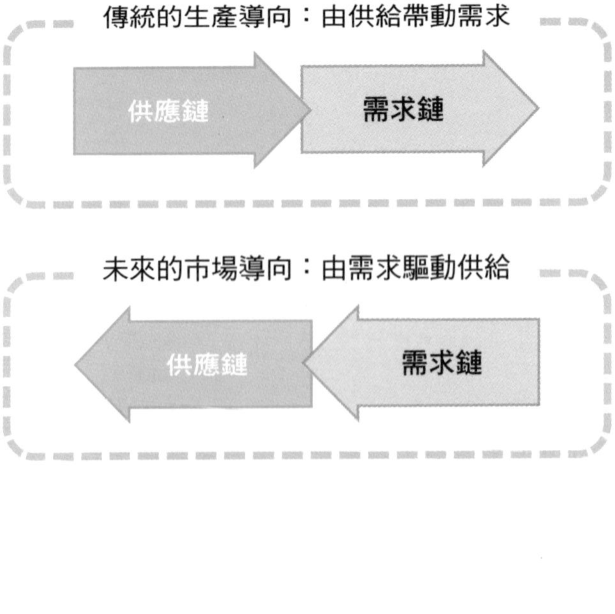

實體通路的雄厚實力，反而變成最沉重的包袱。在業績普遍衰退的時刻，門市租金高漲、庫存成本提高，讓許多傳統零售業承受巨大的壓力。

耐吉很清楚，不改變自己，就等著被環境改變。

二〇一七年，耐吉的另一項重大轉型，便是宣告大砍全球通路夥伴，從三萬家縮減到四十家；採取精兵政策的目的，很顯然是回應實體市場萎縮的現實。當獲利空間被壓縮，廠商只好更集中資源，從進一步擴大的經濟規模中，再擠出額外的利潤。可產業和市場的M型化（大者恆大），就商業生態的長遠發展來看，並非一項利多。

從需求鏈拉動供應鏈

在這樣一個需求鏈變化越大且越快的時代，業務人員扮演了更關鍵的角色，若能夠越早、越精準的掌握客戶需求，就能創造越高的價值。而要準確掌握客戶需求，除了傳統的銷售預測，更重要的是對客戶商業模式的了解、對市場趨勢的敏銳度等。

這些屬於「非量化」的情報，在蒐集、解讀和運用上不容易，但是從另一個角度來說，也拉開了優、劣業務人員之間的差距。

越來越難預測和掌握的需求鏈，絕對是企業經營的一大挑戰。對市場領導者來說，過去的優勢不見得是資產，反而可能是負債，耐吉二〇一七年悄悄發動的「通路變革」，就是說明這點的最好例子。可以預期的是，改變會持續發生，至於到底是危機還是轉機，端看企業和個人面對改變的態度。

以我大學學妹為例，她自行創立了一個熊掌造型的雞蛋糕品牌——萌萌噠熊掌燒，擁有不同口味的內餡。不過創業初期，她為了要推出哪些口味而傷透腦筋。以供應鏈的角度來說，原物料的取得要容易且品質穩定，才不會有斷料或口感時好時壞的風險；以市場競爭的角度來說，又不能和現有同業過度重疊，失去自己的特色。

和親友歷經了一番激烈討論後，學妹考量到，奶油已是大家耳熟能詳的車輪餅口味，如果連雞蛋糕也推出奶油內餡，恐怕會讓顧客覺得了無新意、同質性太高，所以剛開業的第一版菜單上，沒有奶油這種口味，而是主推巧克力。

由於她非常用心選擇原物料和製作，雞蛋糕推出不久就累積許多忠實顧客。不過令人意外的是，期間一直有客人詢問有沒有奶油口味。原來在奶油口味車輪餅隨手可得的地方，顧客對奶油的喜好並沒有減少，於是她試著研發並推出奶油口味的雞蛋糕，想不到沒多久就變成店內熱銷第一名！這樣的結果，狠狠「打臉」一開始各種閉門造車的討論。由此可知，不管你的考量點是力求供應鏈的穩定，或者在競爭中展現獨特性，都不如從顧客身上找答案，這便是由「需求鏈拉動供應鏈」的一例。

7 未來價值鏈創新的主軸——物聯網

在物聯網時代，企業的首要任務，是從市場終端的需求和痛點，辨識出具有價值的「網」在哪裡，又要如何商業化。

多數臺灣廠商是靠研發和量產硬體崛起，在談到物聯網時不免圍繞在「物」上打轉。東西一旦裝上感測器或無線射頻辨識標籤（RFID tag），如衣服、鞋子、汽車、設備、建築物等，好像都充滿了想像空間。然而，以「物」為出發點來發展物聯網事業，恐怕會落入「工廠導向」的迷失。

即使「物」是唯一看得到、摸得到的實體，用來實踐物聯網要達到的功能，也就是透過訊息感測設備，把所有物品與網際網路連接起來，實現智能化識別和管理，但是功能背後要滿足什麼需求？而這個需求又是從何而來？這些都是市場端的問題，也值得企業深思。

一九八〇年代以前，工廠導向是行得通的，因為市場需求明確，且需求大於供給，製造技術和產能扮演推升經濟的要角。如今在物聯網時代，終端應用還未大量標準化、規模化，要發展哪一種「物」（硬體產品），或是透過哪一種通訊技術來「聯」，都變成次要議題。企業的首要任務，是從市場終端的需求和痛點，辨識出具有價值的「網」在哪裡，又要如何商業化。

那麼，什麼是網呢？

舉例來說，大樓的中控系統是有價值的網，它把上百臺監視器的訊號整合在一起，讓管理變得更簡單有效；雲端運算也是一種網，它把平凡的終端裝置連結到雲端，產生強大的運算能力；至於臉書更是商機龐大的網，因為它串聯起數量驚人的社群關係。

物聯網的核心精神

由此可知，網不再是狹隘的 Internet，因為它連結的不只是資訊，還可能是資源、價值、產業、能力、關係。正因如此，物聯網當然也不是局限在網路、資訊科技的生意。

對此，著名的網際網路服務提供者美國線上（American Online）創辦人史蒂夫．凱斯（Steve Case），提出「全聯網」（Internet of Everything）的概念，宏碁集團創辦人施振榮先生則使用「智聯網」（Internet of Beings）一詞。物聯網不單是一個產業，它更像一種商業思惟。

舉例來說，「停車」是很多都會區急需解決的問題，尖峰時刻一位難求，但是晚上或假日上班族回到住家，商辦大樓附近又空出許多車位，也就是經常出現「供需失衡」。有什麼方法可以解決這個問題嗎？

如果能夠讓「供給端」和「需求端」的資訊更透明，即時串聯、整合起來，這樣問題就會比較舒緩。像是把停車位是否閒置的資訊連上網路，供行經附近的車主透過App即時查詢，如此一來，供給端和需求端的資訊落差自然越少。

要達成這樣的目標，除了停車場的感測裝置、軟體系統的開發、車主App的推廣，甚至還有政府補貼政策等層面環環相扣，因此，物聯網可說是一種商業模式的突破，跳脫傳統的供需關係。

組成物聯網的三大架構是感知層、網路層和應用層，它們分別對應到三大基礎產業：自動化、電信通訊和資訊科技（見下頁圖表2-9）。臺灣過去在這些領域都有很深厚的基礎和傑出表現，要推派出「個別科目」的資優生，絕對不成問題。

但是就像現實世界一樣，我們現在不只需要在奧林匹克競賽上奪牌的學生，更需要將這些傲人成績串聯起來，小自個人專業知識的整合、組織內的團隊合作，大至企業之間的策略聯盟、產業變革，這才是物聯網的核心精神。

圖表 2-9 物聯網三大架構

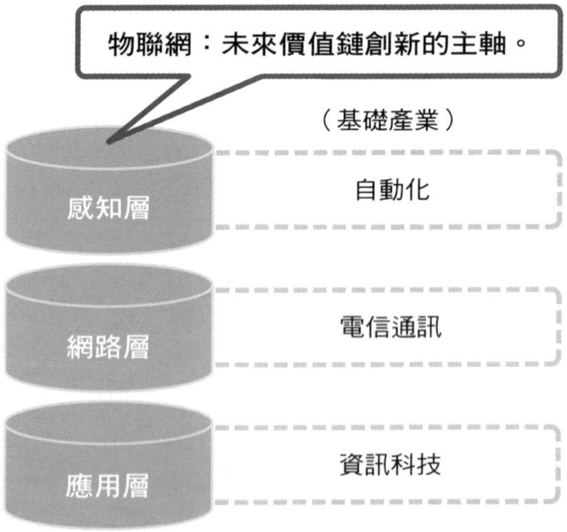

8 新的通路布局，給你新的出路

我們可以縮短通路的長度，減少中間人、中介商在通路上瓜分掉的利潤。即使維持一樣的通路長度，供應鏈夥伴之間的合作，也存在許多改善效率的空間。

當「產品」本身還有足夠的空間，可以創造差異化、維持令人滿意的利潤，一個產業內「通路」的價值與重要性，就比較容易被忽視。

但是當產品同質化的程度越來越高，獲利空間越來越小，競爭的重點就會從「產品」轉移到「通路」。換句話說，當提高產品售價、降低製造成本這些方式，都無法在既有的遊戲規則中突圍，那麼最好改變通路的布局（見下頁圖表2-10），才能走出一條新的道路。

舉例來說，個人電腦剛推出的時候，硬體品質與操作功能存在許多差異，所以一線品牌與二線品牌之間是靠「產品力」在競爭。如今電子產品的製造技術日趨成熟，個人電腦許多品牌都是由同一家代工廠所生產，要靠產品差異化來搶占市場變得非常困難，品牌經營的焦點就轉為「通路」的管理。誰能提供通路商最有競爭力的優惠、最吸引消費者的行銷活動，以及解決通路上的庫存、物流運籌等問題，才是品牌廠商角力的主戰場。

我們可以縮短通路的長度，減少中間人、中介商在通路上瓜

圖表2-10 銷售通路布局的主要方法

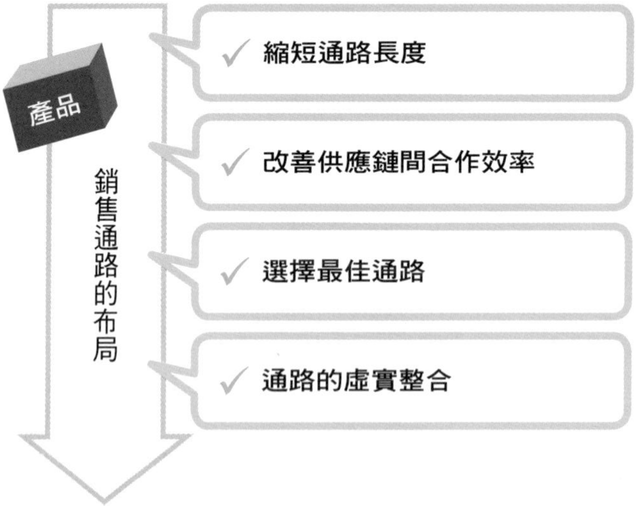

分掉的利潤，這麼做同時也會加快回應顧客的速度。試想在傳統的通路結構中，產品從製造商、貿易商、代理商、通路商（銷售門市）一路傳遞到消費者手中，若是能夠改善通路結構，有效降低冗長的物流和資訊流所增加的成本，就可以將利潤回饋給最原始的賣方和最終端的買方，創造雙贏。

即使是維持一樣的通路長度，供應鏈夥伴之間的合作，也存在許多改善效率的空間。以一個系統廠（或是電子業常用的衛星工廠，會供應某種零配件給中心工廠）來說，上、下游廠商的運作效率不佳，短期內對自己的影響可能不大；但是長期而言，整體供應鏈的競爭力下降，最後受害的是所有同在一條船的上、中、下游夥伴。

虛實整合的天下怎麼打？得一步一腳印

通路的選擇與取捨，展現的是行銷決策能力的優劣。對任何一個網路使用者來說，這是一個資訊爆炸的時代，我們缺的不是資訊，而是「篩選資訊的能力」。對任何一個製造商來說，這也是「通路爆炸」的時代，銷售產品的管道非常多，我們需要的是辨識出最適當、最有效的通路，把我們的產品運送給精準的客戶群。

想像一下，通路就像無數細小的河流搭載著船隻，要是這些河流上所傳遞貨物的重量、大小、特性，長年沒有改變，我們自然無須思考新的運輸方式。然而放眼現在的市場環境，不僅產品更新快速，服務的內容也推陳出新，我們怎能不經常檢視這些河流、運送工具的效率呢？

更重要的是連客戶分布的位置都在改變，供應商的通路布局當然有必要隨之調整。而在網際網路、社群媒體大幅改變了市場生態之後，**虛擬通路（網路）與實體通路的虛實整合，則是未來廠商之間及產業之間競爭的重點。**

如果你是停留在傳統實體通路的廠商，虛擬通路可能不是主要戰場，卻是不可不發展的必要戰場，因為在產品、市場資訊越來越透明化的趨勢下，客戶對於網路交易的信賴與依賴程度都大幅提高。

而網路通路和實體通路一樣，都需要投入時間和資源，一步一腳印的耕耘。我們不會因為有辦法在很短時間之內建置好網站、蒐集到眾多客戶名單、大量曝光，虛擬通路的布建就能因此一步登天。就如同實體通路、品牌價值的建立，它都需要逐步累積的過程。

值得慶幸的是，所有緩慢累積的東西也不會快速消散，它會變成企業競爭力的一部分，這個道理在實體世界和虛擬世界都適用。

9 業務員與客戶，是雙向的各取所需

業務員想要爭取優質的客戶，客戶也在尋找聰明的業務員。有了互惠的基礎、雙贏的目標，銷售工作的價值提升自然水到渠成。

有一年我正在找房子，遇到一位親切的房仲業務員，利用假日帶我看了好幾間房。不過因為都沒有遇到適合的房子，我就和他互換聯絡方式。隨後工作上我接到重要的專案，實在無暇再撥出更多時間研究房子的事情，就把此事暫時擱置了。

在接下來的幾個月，這位業務員密集的打電話給我，有時是我正在會議中走不開，或者我正在開車不方便多談，他只好匆匆道歉後結束對話。他追我追得緊，也試著展現十足的禮貌（頻頻道歉），可惜的是，他卻沒有慢下腳步、靜下心來聆聽我的需求，了解我對購屋的整體規畫與進度為何，只是一次又一次的詢問我：「現在有空嗎？」、「要不要看新的物件？」

漸漸的，他一開始給我的好印象消磨殆盡，我寧願找其他「能讓我喘口氣」的業務員詢價。

膚淺的銷售技巧總是對客戶窮追猛打、疲勞轟炸，塑造出一種「有求於人」的形象。特別是在供過於求、競爭激烈的市場環境，業務員都有尋找新客戶的壓力和急迫感，期待客戶可以選擇他們。

事實上，在真正專業的銷售行為裡，業務員不是被客戶篩選的對象（被動），反而是要進行一連串的篩選（主動）。

從行銷的STP理論來說，我們得先辨識出正確的市場區隔（Segmentation），鎖定正確的目標市場（Targeting），然後清楚定位賣方的角色（Positioning）（見圖表2-11）。這樣的選擇過程，決定整體行銷活動的成敗，它可以讓龐大的預算變成鑽石，也可以變成策略錯誤下的一場災難。

在投入市場開發客戶的時候，能夠善用STP理論篩選客戶，擁有辨別目標客群、非目標客群的能力，會大幅拉開業務員之間的績效表現。沒有辦法做好優先排序的人，其有限的時間和資源，通常會被大量非核心客戶稀釋。所以我們可以發現很多業務員績效低落，工時居然超長；而方向正確的業務高手，卻是越做越輕鬆。

個人理財與金融商品是一個龐大的市場，但是也有為數眾多的業務員在耕耘，過程中 work smart 就比 work hard 來得重要。有一次我詢問一位金融理財的超級業務員，他成功的關鍵是不是「如何讓客戶說YES」。他笑著告訴我不是，**他認為自己成功的關鍵是「如何對客戶說NO」**。

因為在這個競爭激烈的飽和市場，很多客戶根本不是他的目標族群，如果不懂得跟客戶說NO，就會花費太多時間去經營那些非目標客戶，反而無法全心集中在少數的關鍵客戶身上。換言之，跟客戶說NO，就是一種篩選客戶的能力。

圖表2-11　行銷 STP 理論

項目	定義	實踐方式
S	市場區隔	依據消費者的需求、購買行為和購買習慣等差異，把某一產品的市場整體劃分為若干消費者群。
T	目標市場	做好市場區隔後，以相應的產品和服務滿足其中一個或幾個子市場。
P	市場定位	針對潛在顧客的心理進行營銷設計，創立產品、品牌或企業在目標顧客心目中的某種形象或特徵，以取得競爭優勢。

銷售力道、節奏、距離，都是專業的選擇

至於在與客戶溝通時，同樣要具備精準的篩選能力。不過這裡要篩選的並不是客戶本身。

首先，我們必須在有限且不斷變動的資訊下，判斷並**決定銷售什麼樣的商品**給客戶。業務員面對關係薄弱、毫無耐心的陌生客戶，可能只有五分鐘來探索需求，接著就要很快鎖定商品種類、決定陳述的語言和方式。而在溝通的過程，**銷售力道的強弱、節奏的快慢、距離的拿捏**，無一不是專業的「選擇」過程。

差別在於，銷售專家可以認知到這些選擇的重要，培養出正確的判斷能力、做出因時制宜的應對方式。至於後知後覺的業務員，很少察覺自己推銷錯誤的商品（觀念）、使用錯誤的語言，然後把銷售失敗歸因於一個表面的理由，例如客戶沒有時間、沒有需求，無怪乎永遠診斷不出他們的銷售盲點。

銷售是一種「有求於人」的活動嗎？是的，不過它是一種雙向的「各取所需」。業務員想要爭取優質的客戶，客戶也在尋找聰明的業務員。有了互惠的基礎、雙贏的目標，銷售工作的價值提升自然水到渠成。

10 菜鳥倒資訊，老鳥賣情報

身為B2B業務，若能吸收資訊、轉化為傳遞給客戶的情報，就是轉型為知識工作者最好的方式。

現今市場環境的改變，主要受到資訊科技突飛猛進的影響。過去有價值的資訊，像是產業情報、技術資料、產品知識等，變成唾手可得且成本低廉的資源。但也因為資訊過於氾濫，使得真正核心、有價值的訊息，更容易淹沒在龐大的資料庫中。

業務人員在這樣的新時代，必須體認到自己角色的轉換。不論銷售的是有形產品或者無形服務，都必須從價格與規格導向的銷售人員，轉型為提供情報與觀點的專業顧問。

那麼資訊和情報，雖然都是接收訊息，兩者有何差別呢？簡單而言如下：

- **資訊**（information）：過量與分散、缺乏焦點。
- **情報**（intelligence）：特定資訊經過解讀之後，對特定產業與對象有意義。

舉例來說，中國大陸因為二〇一三年起面臨整體勞動力的負成長，缺工問題越來越嚴重，遂在二〇一五年十月底，宣布終結超過三十年的一胎化政策。待立法完成，預計每年會多增加五百萬名新生兒。這對一般人來說是一則新聞、一項資訊，但是對許多產業的廠商來說，應該進一步分析為情報，以掌握後續產生的效應與商機變化（見圖表2-12）。

圖表2-12 資訊與情報的差別

宣布結束一胎化政策
一般人
知道這則新聞了。
資訊
廠商
出生率增加→嬰幼兒用品、幼兒教育需求增加→可能會影響其他東西的消費……
情報

當一胎化政策終結，直接受惠的產業是嬰幼兒用品、兒童教育，而未來一般家庭投資更多在下一代之後，卻也可能壓縮非必需品的消費；此外，更多新生兒雖然使得短期內人口增加，但是人口老化的問題卻仍未解決，醫療與民生消費品將走向M型化的需求。這些衍生的社會現象與市場改變，都值得直接或間接相關的上、下游廠商深入研究，並解讀出對自身企業的意義為何。

身為業務人員，能夠吸收這些資訊、轉化為傳遞給客戶的情報，就是轉型為知識工作者最好的方式。事實上，食、衣、住、行、育、樂的各種政策與社會脈動發展，對產業上游的不同廠商，都會產生程度不一的影響，若是業務人員具備解讀資訊、提供情報的能力，對客戶來說就是無可取代的價值。

由於科技讓資訊傳播的數量、速度大幅增進，再加上製造業技術的提升，導致硬體製造門檻下降，商業活動的價值必然會由硬實力（硬體）轉向軟實力（知識、情報、服務、附加價值等）。

業務人員應該體認到環境的改變，並且調整自己的價值定位，從「倒資訊」變成「給情報」、從「談戰術」（tactics）到「講策略」（strategy），才不會被產業轉型的洪流淘汰。

這裡提到的「戰術」，指的是較小範圍的作戰方法，好比戰場上的士兵和士官，專注於眼前的壕溝戰或巷戰；「策略」（戰略）談的是大範圍、大格局的作戰方法，好比軍官要決定往東邊或者往西邊作戰、要著重在空軍或者陸軍等。

以銷售情境來說，當客戶談的是「選擇哪一款吸塵器」，業務員進行各款式的說明、報價，這是屬於小範圍的戰術層次；但如果業務員可以把議題拉到「如何清理居家環境」，那麼解決方案就有各種可能性（購買吸塵器、租用吸塵器、家事服務員等），這才算得上是策略的層次（見圖表2-13）。

圖表 2-13　資訊與情報的比較

名稱	特色	價值
資訊 （information）	數量龐大、分散、缺乏焦點	談戰術（格局小）， 價值低
情報 （intelligence）	經過解讀後， 對特定產業與對象有意義	講策略（格局大）， 價值高

11 經濟規模不是優勢，夠快才能避開風險

現代競爭不是大魚吃小魚，而是快的吃掉慢的。

在過去二十年以來，企業擴大生產規模、降低產品平均成本，對產業結構、商業生態造成巨大的影響，也改變了諸多市場的樣貌。

首先是二〇〇〇到二〇一〇年以中國大陸為主的製造業，因為集中生產，讓眾多電子產品、消費用品的價格下降，再加上市場扁平化（精簡中間層）提高普及率，使得個人電腦、汽車、家電在這十年間，不僅品質變得更好，價格也比過去來得更平易近人。

經濟規模推動了製造業的進步，也造就不少消費市場的成功企業。二〇一〇年迄今社群媒體的崛起，則是加速消費者口碑產生的效應，放大了市場經濟規模。一時

之間，一夕爆紅的素人或商品經常可見，他們正是搭著社群經濟「病毒式傳播」的列車，在短時間內獲得過去無法想像的成功。

然而**經濟規模就像兩面刃，一方面會加速利潤的產生，另一方面也可能加速虧損的累積**。

舉例來說，蝦皮（Shopee）強攻臺灣市場，它與 PChome 之間的市占率爭奪戰，就澈底改寫了遊戲規則。在這一場戰爭中，PChome 作為市場的先進者和領導者，理所當然掌握數量龐大的用戶。以蝦皮初期主攻的C2C（個人對個人）市場為例，PChome 旗下的「露天拍賣」在臺灣已經有八百萬用戶、一百萬商家，以及高達一億件的商品。

但是露天拍賣這樣的經濟規模，反而變成蝦皮主打「運費補貼戰略」時最佳的「攻擊點」，因為同樣的補貼政策，露天拍賣若要同步跟進，就必須付出遠高於蝦皮的代價。

身為既有市場領先者，用戶數和交易量越大，損失越慘重，這就是「經濟規模越大、受攻擊面越廣」的典型一例（見圖表 2-14）。

簡單來說，在社群經濟下，成功或失敗的速度與幅度更勝以往，對行銷業務人員來說更是具有三大意義：

1. 首先，**決策到執行的時間必須縮短**，因為企業的成功不是來自完美的決策，而是在嘗試錯誤之後，看誰能夠以更快的速度，做出更正確的調整，也就是所謂的**彈性應變能力**。

2. 其次，因為「口碑」能發揮的影響力和創造的商機，越來越驚人，不管是上游的工業產品或下游的民生消費品，都應該投注更多心力，來**掌握終端市場（用戶）的意見**。

3. 最後是行銷業務決策的判斷依據，絕對不能只依靠市調單位，或是少數的行銷人員。市場環境變得如此快、如此複雜，企業應

圖表2-14　伴隨經濟規模的經營風險

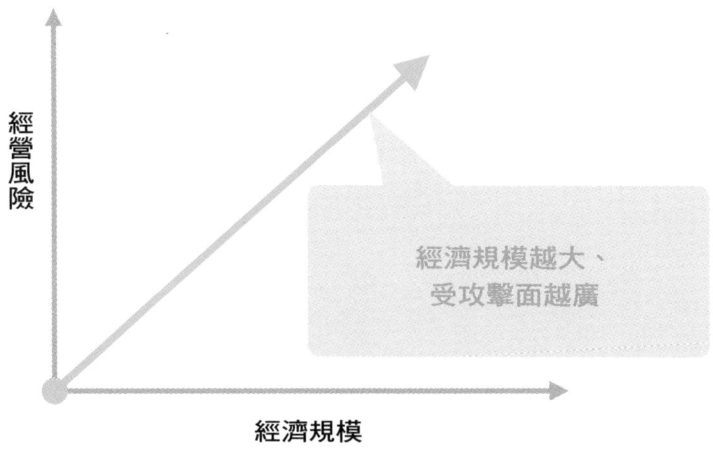

該建立更多元、更全面的情報管道，讓更多內部人員走向市場，讓更多外部聲音進到企業。

速度為王的時代，慢魚要比小魚更小心

無可避免的，在上市櫃企業、中大型集團為主的資本市場，追求營收成長是多數企業不得不採取的策略。因為在達到經濟規模後，從談判議價、人才招募到品牌形象等方面，都會取得相當的優勢。過去幾年，臺灣的紡織、石化、電子、製造代工等領域的成就，都是如此。

然而，在市場朝扁平化、分眾化發展的趨勢下，經濟規模反而限縮了企業營運的應變彈性，過往的「資產」突然間變成了「負債」。

在以土地、勞動力、成本為競爭要素的時代，經濟規模顯著提升了亞洲在全球舞臺的地位，但如今並不一定適用，過大的規模反而成為經營的負擔跟風險，因此企業必須重新檢視「數大便是美」的舊思維。畢竟當經濟規模的高牆築起時，固然可以提高同業的進入障礙，不過它也同時讓企業暴露在反應遲緩的風險之下；相反的，決策速度、調整速度，才是在激烈競爭中勝出的關鍵（見圖表 2-15）。

透過集團分拆、品牌多角化、產品分眾化等策略，企業才能在「規模」與「彈性」之間取得最佳平衡點。至於企業經營者和專業經理人，必須盡快從供應鏈管理的舊思維、舊知識裡跳脫出來，面對一日千里的需求鏈時代。

針對目前這個現象，有個相當傳神的說法——思科（Cisco）總裁約翰．錢伯斯（John Chambers）提出的「快魚法則」（Fast Fish Law）：「現代競爭不是大魚吃小魚，而是快的吃掉慢的。」而且不管是快魚還是慢魚，未來都**不允許有太多猶豫的時間**。

圖表2-15　在競爭中勝出的新關鍵

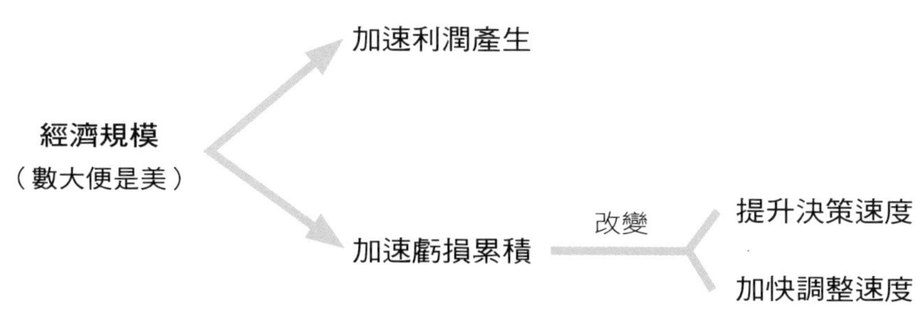

12 與對手競爭，但也互相依靠

找到互補之處，競爭就變得渺小，只要目標定義得夠大，「競爭」這個詞在廠商之間就變得沒有意義。

臺灣是全球零售店家密度最高的區域，便利商店、超級市場、量販賣場三者加總的驚人數量，對比僅兩千三百萬的消費人口，這樣的零售業競爭激烈程度，絕對在全世界名列前茅。而近幾年臺灣零售業者紛紛跨入新的市場，或者發展新的業態，其實也是一個新的「競合時代」縮影。

以零售通路推出自有品牌來說，他們等同向產業上游延伸，搶食原本合作夥伴（製造商或品牌商）的商機，從這個角度來說，他們成了競爭者。但是近幾年超商的自有品牌策略，鎖定「未被挖掘的需求」，例如全家便利商店推出的蜂蜜水，就是既有供應商未著墨的市場。

從這個角度來說，自有品牌不但未與其他品牌相斥，反而帶動了人流、增加貨架的整體周轉率，相輔相成之下，他們也可以是品牌的合作夥伴。我認為這是新競合時代的第一個意涵：「**找到互補之處，競爭就變得渺小。**」因為沒有單一廠商可以滿足市場所有需求，只要目標定義得夠大，「競爭」這個詞在廠商之間就變得沒有意義。

業務小辭典

- **競合（co-opetition）**：意指合作性競爭，將焦點放在競爭性市場中公司之間的合作。最早是由耶魯管理學院的貝利・奈勒波夫（Barry J. Nalebuff）和哈佛商學院的亞當・布蘭登伯格（Adam M. Brandenburger）於一九九〇年代中期提出。他們認為：「創造價值是一個合作過程，而攫取價值自然要透過競爭，這一過程不能孤軍奮戰，必須相互依靠。企業就是要與顧客、供應商、雇員及其他相關人員密切合作。」

其次，跨業態的合作無所不在，像是 7-Eleven 跨入健身房市場，或是各家超商與各種飯店、食品業者推出年節禮盒等，都是互相拉抬、借力使力的範例。重點在於自己能否從既有客戶群的需求出發，找到相關性高的交叉銷售機會。

過往太專注於硬體、太強調性價比的臺灣廠商，新的課題是如何從有形需求（硬體），延伸到無形需求（服務）；從理性需求，延伸到感性需求；從顯性需求，延伸到隱性需求。以上這些，象徵新競合時代的第二個意涵：「**找到延伸支點，合作就有無限可能。**」

到這裡，我們已經知道新競合時代有兩個意涵：

1. 找到互補之處，競爭就變得渺小。
2. 找到延伸支點，合作就有無限可能。

上述兩個意涵，其實不限於零售市場，從製造業、金融業、服務業等領域均適用。特別是產業、市場之間的界線越來越模糊的今日，提供更多跨界應用、跨界整合的空間，端看企業經營者的策略廣度與深度。舊思維看到的競爭加劇，在新思維的框架下，可能變成合作機會增加。用全新的觀點看待競爭與合作（見圖表 2-16），商業模式才能找到最大的創新空間，也才能在微利時代永續經營。

圖表 2-16　當競爭產生重疊，互補合作處於焉出現

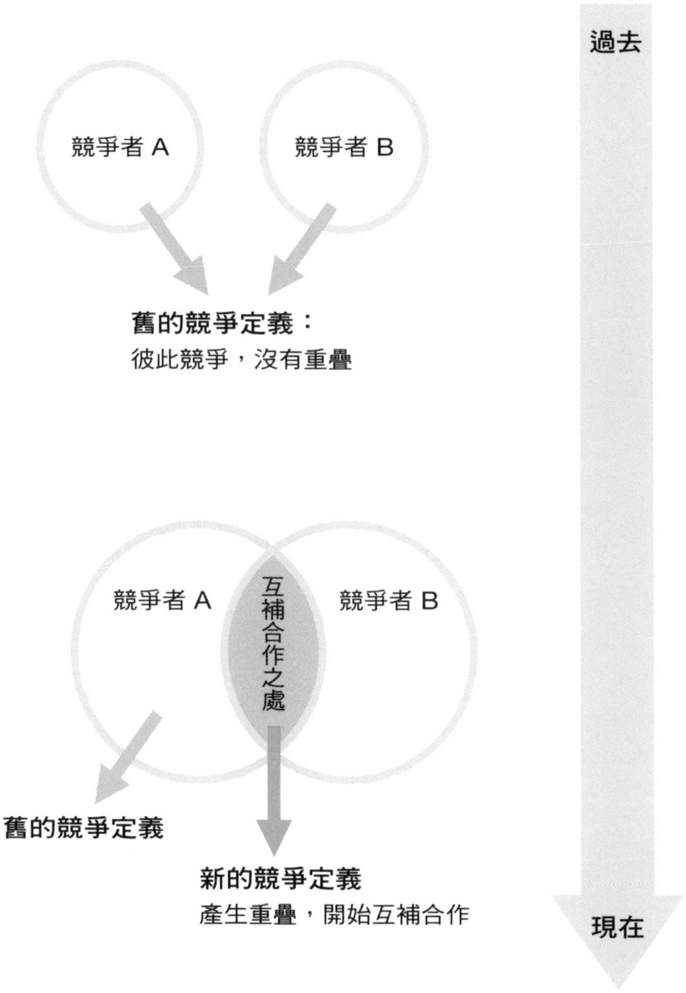

專欄 1

價值鏈分析活用簡表

看完本章說明，我們若想分析價值鏈，該從何開始？搭配表格，步驟如下：

1. 將產業從上游到下游的相關活動展開來，包括：研發、生產、運輸、銷售、服務等。
2. 列出參與該活動的營運型態及代表性廠商。
3. 分析每一家廠商創造出來的價值高低。也就是從比較宏觀的角度來思考，價值是被哪些人（who）、用哪些方法（how）創造出來的。

● **表格**

關鍵活動	營運型態	代表廠商	價值高低	說明

範例

產品：塑膠鏡架

關鍵活動	營運型態	代表廠商	價值高低	說明
石油提煉為塑膠原料	採礦場以及提煉廠		低	規模經濟之生產活動
塑膠射出成型	塑膠射出廠商		低	規模經濟之生產活動
鏡架設計	產品設計師	GUCCI、LV	高	創造品牌價值
成品製造、加工、組裝	鏡架製造廠商		中	以關鍵技術維持品質差距
眼鏡批發	通路商		中	大量批發，以量制價
眼鏡零售及相關服務	銷售門市	寶島眼鏡、小林眼鏡	高	掌握終端顧客

B2B 業務關鍵客戶經營地圖研習營現場報導

在研習營過程中，把一家公司的價值鏈展開來，真的是非常有價值的事。

即使是一些業界打滾多年的老手，也不一定有機會這麼系統化、邏輯化的分析過自己所處的產業。況且一家稍具規模的公司，可能有數十種產品線，每一種產品的上游供應商、下游客戶，也經常處於變動狀態，因此透過價值鏈分析的手法，把上、中、下游的關鍵廠商盤點一遍，有助於釐清自己在產業內的定位。

依我過去的經驗，上游零組件廠商對於原物料、委外加工等合作廠商都瞭若指掌，因為製程和技術是他們企業生存的命脈。但是相對來說，他們對於下游的產品應用狀況、終端市場趨勢就不夠清楚。

當我們要將價值鏈不斷往下延伸、探討時，經常發現連業務人員都不熟悉產業下游的整體狀況；他們忙著管理直接客戶（經銷商、代理商、品牌代工客戶）的訂單，卻沒有撥出足夠的時間去終端市場走動。反過來說，若是處於市場下游的廠商，就

（接下頁）

可能對上游的產業鏈較疏離。總之，看清楚上、中、下游的產業環境（價值鏈），我認為是Ｂ２Ｂ業務最重要的基本功夫。

價值鏈不只對第一線的業務人員重要，它更是企業高層制定策略的「地圖」。在價值鏈分析的單元，我們試著保持對產業的敏感度，客觀分析一個產業創造價值的方式，例如：利潤到底是來自上游的經濟規模，還是來自下游的客製化？那些強勢的供應商，未來有沒有可能進行垂直整合、威脅到我們？那些低毛利、營運體質不佳的廠商，未來會不會被併購甚至淘汰？這些變化都攸關市場未來重新洗牌的方式。

同時我也會將價值鏈分析的結果，與Ｂ２Ｂ業務關鍵客戶經營地圖的其他單元串聯起來。例如在美中貿易戰之下，許多製造業離開中國大陸，也就是未來價值鏈上的生產活動（雞蛋）不會集中放在同一個籃子裡；對應到ＣＳＦ（關鍵成功因素）的競爭分析，代表供應鏈越分散的廠商，未來會越有競爭力。這便是從價值鏈看到的趨勢，延伸到我們對競爭態勢的預測。

當Ｂ２Ｂ業務關鍵客戶經營地圖的五大單元能夠彼此串聯，客戶經營策略就越明確。因此，地圖上的五個單元是環環相扣、彼此相關的。

第三章

拆解關鍵成功因素

掃描聽更多，
本章關鍵字：「競爭」。

地圖探索・關鍵提問

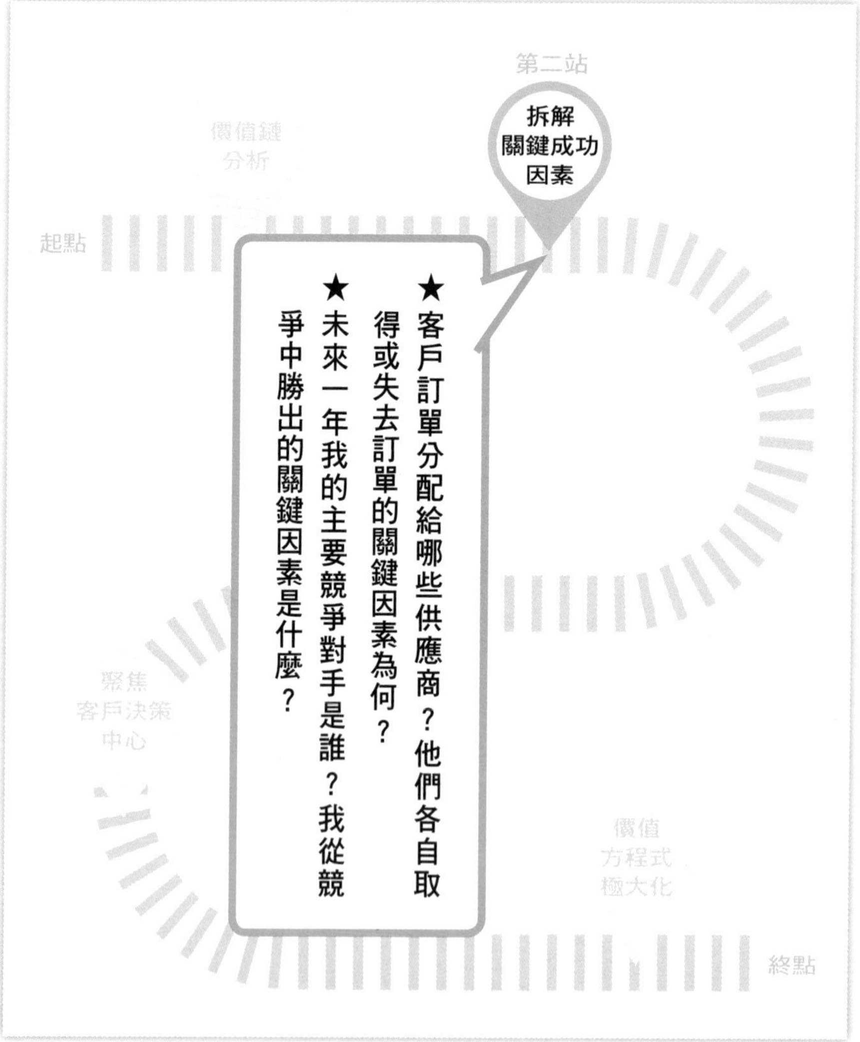
第二站
拆解關鍵成功因素
價值鏈分析
起點
聚焦客戶決策中心
價值方程式極大化
終點
★客戶訂單分配給哪些供應商？他們各自取得或失去訂單的關鍵因素為何？
★未來一年我的主要競爭對手是誰？我從競爭中勝出的關鍵因素是什麼？

1 找出你贏的關鍵，還有對手的

分析客戶所有供應商之間的優、劣勢，再對應到自身企業的整體營運策略，就是業務代表在分析關鍵成功因素時的重要任務。

關鍵成功因素（Critical Success Factor，簡稱CSF）一詞，又被稱為KCF（Key Success Factor），一九七〇年由美國哈佛大學教授威廉・扎尼（William Zani）提出，此概念最初是用來規畫企業的管理資訊系統（Management Information System，簡稱MIS）。

簡言之，會影響企業運作成敗的因素（factor）很多，例如：品質、速度、成本等，對所有因素進行定義與分析後，再給予不同的權重和計分，藉以描繪資訊系統在建置時，應該如何拿捏功能取捨與資源分配。

在管理B2B客戶時，關鍵成功因素分析的概念同樣非常重要。從客戶的角度來說，通常會和兩家以上供應商維持合作關係，以免雞蛋放在同一個籃子。像是大宗原物料、標準規格的零組件等，採購單位有首要、次要，甚至第三、第四順位的供應商，這樣除了可以分散風險，也能讓供應商彼此制衡。

關鍵成功因素分析法

因此，B2B業務代表除了掌握客戶與自己的交易情況，還要試著了解客戶與其他供應商的往來狀況，也就是前五大供應商名單，以及各供應商分配到的訂單比重。這是掌握B2B客戶的重要第一步。

接著是定義所屬市場的CSF。定義CSF並不是容易的工作，因為同樣一種產品或服務，在不同產業和地區的CSF可能截然不同。例如基礎建設薄弱的開發中國家，品質是CSF的重要項目，但在成熟市場如日本、新加坡，品質變成「入場券」或「基本門檻」，CSF著重的是功能多樣性、交貨速度等。透過跨部門（業務、行銷、研發、生產、品管）的討論，大型組織才有辦法客觀的定義出CSF及權重。

定義出CSF及權重後，要綜合評比客戶的每一家供應商（包括我們與競爭對手），藉以勾勒出客戶目前供應鏈的樣貌。即使是首要供應商（第一名），也會有表現落後的CSF項目，而目前規模相對較小的供應商，也可能有表現優異的CSF項目。分析客戶所有供應商之間的優、劣勢，再對應到自身企業的整體營運策略，就是業務代表在分析關鍵成功因素時的重要任務（見圖表3-1）。

透過CSF分析，B2B業務代表不僅可以更了解客戶，也會對整體市場發展有更全面的認識，進而對客戶價值的深化與最佳化，有更明確的方向。

圖表 3-1　**CSF 分析流程**

掌握客戶與自己的交易情況、
試著了解其他客戶與其他供應商的往來狀況

↓

定義所屬市場的 CSF

↓

綜合評比客戶的每一家供應商

↓

對應到自身企業的整體營運策略

車輪餅攤也會用到CSF？當然！

一門生意做得好與壞的原因，有時候會被過度簡化。這讓我想到小時候，我家附近有一家車輪餅攤販，生意總是絡繹不絕。從小就愛和我談生意經的老爸，有次問我：「你吃了這麼久的車輪餅，知不知道這家攤販為什麼這麼成功？」

我隨口回答：「因為便宜吧。」老爸搖搖頭說：「附近的攤販都賣這個價位，它並沒有特別便宜。」我接著說：「內餡不會太多，吃起來比較不膩。」老爸還是搖搖頭，並反問我：「有些人喜歡內餡多到滿出來，不是嗎？」

繞了幾次圈子後，老爸才完整說起他要教我的生意經：

「首先，你要把車輪餅的顧客做分類，不同顧客群有不同的購買動機。像你這樣不愛正餐的小學生，喜歡的是車輪餅『甜點』的感覺。所以下午學校放學的時段，你可以看到一堆小朋友在排隊。

「到了晚上七、八點，許多上班族陸續回到社區。正餐還沒準備好之前，大人只想要一個方便、減緩飢餓的食物，所以那個時段都是一堆手提公事包的上班族在排隊。因此在不同時段、針對不同顧客，都值得你進一步去探討成功的關鍵是什麼。」

透過這個案例，我們也能更加明白CSF的思維：

1. 先把車輪餅可能的購買族群定義出來。
2. 條列購買車輪餅的各種考量：口味、價格、包裝、便利性、攤販地點、服務等，並依據重要性排列。
3. 探討成功因素，分析各種考量所占的權重。

從簡單的車輪餅生意，一直到複雜的工業產品解決方案，上述步驟其實都適用，這便是CSF的核心精神。

2 成本、品質、速度，哪個是你的強項？

企業爭取新客戶的條件從以前的成本和品質，轉變為以速度取勝。

二次世界大戰後，日本為了重振經濟，積極發展國內的製造業。在美國的協助下，日本建立完整的基礎建設和工業體系，打響 Made in Japan 的招牌，成為一九五〇年代全球第二大經濟強國。

一九七〇年代，全球製造業的重心從日本轉移到亞洲四小龍（臺灣、韓國、香港、新加坡），一九九〇年代再轉移到中國，打造「世界工廠」的地位。這兩個階段的板塊移動，「成本」一直扮演最關鍵的角色，所以製造業大都是往勞動成本較低的國家移動。

二〇〇〇年，中國大陸以「世界工廠」之姿躍上國際舞臺時，成本是最主要的競爭優勢。其靠著經濟規模打造出來的低成本，成功推升個人電腦、汽車、家電等產品在全球的普及率，業務人員只要在報價單上精打細算，給客戶一個滿意的數字，訂單就水到渠成。

十年過去之後（二〇一〇年），中國仍是全球各種主流產業供應鏈的主角，只是競爭優勢逐漸從成本轉移到「品質」。跨國企業的採購人員向中國供應商敲門，首要審核條件並不是報價單上的數字（亞洲永遠可以找到任何產品更低價的報價單），而許多產品對國際買主來說甚至「夠便宜」了。因此，業務和行銷部門該如何在有限的溝通時間內，建立客戶對一家企業品質的信心，才是最重要的課題。

管理問題如何解決？

如今製造業的技術水平大幅提升，很多企業都有能力做出低價格、高品質（或者可接受的品質）的產品，**企業爭取新客戶的條件**從以前的成本和品質，再邁向另一個階段，**轉變為以速度取勝**（見下頁圖表3-2）。

產品生命週期縮短、產品品項增加這些需求鏈的趨勢，都拉長了備貨前置期，提高供應鏈的管理難度。誰可以在更短的時間內，回應客戶小批量、客製化的需求，誰就是市場的贏家。然而，「速度」也絕對不只是「要求產線縮短交期」這麼單純的概念而已。

業務人員在訂單履行的過程中，要扮演專案經理的角色，確保客戶需求被即時、完整的傳遞至後勤單位。在許多實務情境中，九成的管理問題與「資訊流」有關，例如：訂單的相關資訊（產品規格、運輸包裝條件等）不夠明確，導致後勤單位無法立即執行，造成交期延宕；或者，業務人員沒有提供正確資訊，供團隊辨識各專案需要投入的優先順序與風險高低，如此一來，整體資源沒有充分發揮戰力，營運績效當然也大打折扣。

一個組織內部沒有好的資訊流，勢必影響對外回應客戶需求的能力；相反的，組織內的資訊流暢通、團隊合作強，才有辦法在成本、品質差距越來越小的今日，以速度展現企業的競爭力。

圖表 3-2 競爭要素轉變

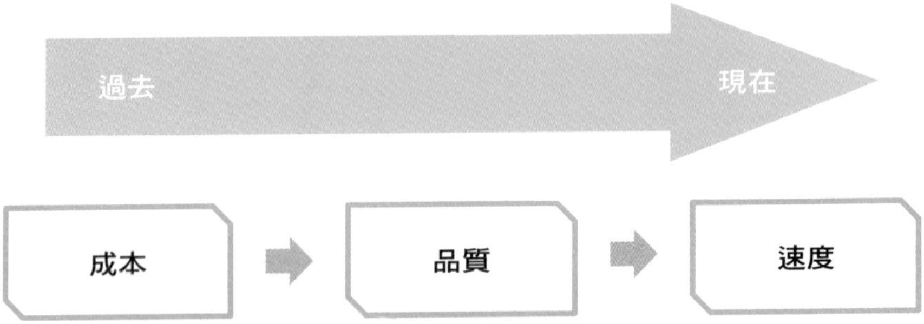

考量上述產業競爭要素的轉移（成本→品質→速度），業務人員應該更積極扮演整合協調者、資訊串聯者的角色，讓企業在市場上以速度取勝。

美中貿易戰驅動CSF轉變

場景拉到近年的美中貿易戰，「縮短貿易逆差」只是川普談判劇本的細枝末節，維持美國強權才是他真正在乎的事。為了防止中國崛起，首要目標是把製造業重新拉回美國，若短期內無法達成，退而求其次也要讓製造業移出中國。

有鑑於此，「勞動力成本的高低」不再是優先評估的選項，這和傳統的製造業思維大不相同。

儘管川普的戰略目標，充滿美國的本位主義和他個人的強勢風格，不過在多數美國民意認同川普經濟政策的前提下，已經走向一條不可逆的道路。換句話說，生產效率和市場機制的極大化不再是首要考量，我認為也代表「成本」這項競爭要素，在許多產業的重要性排名會下修。

美、中之間民族主義的拔河只是一例，削弱「成本優先」的因素還包括：勞工人權意識的抬頭、客製化解決方案的需求增加，以及終端用戶更能夠認知品質與品牌的價值等，這些趨勢都會改變過往成本導向的市場生態。理由是低成本的背後，也很容易連結到壓榨勞工、沒有個性的標準產品、低品質等負面形象，不見得會為品牌和企業加分。

許多客戶想到的不再是「以最低成本、買到最划算的產品」，而是更看重品牌效益、專業形象、附加價值、感性元素，這樣的改變從最下游的消費品市場（Ｂ２Ｃ），到中、上游的工業市場（Ｂ２Ｂ）都不例外。

既然如此，業務人員也應該擺脫「價格導向」的思維，重新審視ＣＳＦ的排序，才能在市場重新洗牌後，搶先占據有利的位置。

3 不懂買方的問題，那就是賣方的問題

業務員需要具備的，不再只是解說產品、解除疑慮等表面的銷售技巧。當買家的專業程度不斷提高，膚淺的銷售只會帶來負面效果。

如果你還在背誦產品手冊與銷售話術，最好停止這種教條式的業務行為。現今的市場環境與遊戲規則，已經和過去大不相同。

好比現在走進賣場，迎面而來的銷售員只是顧著說明自己的吸塵器有多好，通常得不到太多迴響。因為顧客每天打開手機充斥著廣告文宣，他們根本不缺「產品資訊」。另一方面，你可以觀察那些善於銷售的業務員怎麼做：**跟你產生連結**。

連結該如何產生？他們跟你的小孩打招呼，或是稱讚你的衣著和配件，也可能問你是不是附近的居民。一旦與顧客產生有意義的連結和對話，就有機會談到「你的生

活有什麼問題或不便，而我能怎麼幫忙」。所以賣方的「產品」根本不是重點，重點是買方的「問題」是什麼。

由於製造技術的成熟，各種產品硬體的差距越來越小。舉例來說，十年前購買電腦或電子產品，我們會把焦點放在組裝品質與零件規格；如今即使是二線品牌，硬體品質也都具備一定水準，甚至可以發現，市場上許多品牌都來自同一家製造商。廠商則是不斷擴充產品線的廣度與深度，如此多角化經營的結果，就是各種通路的界線不再那麼清楚。

因此，成功的業務人員需要具備的，不再只是解說產品、解除疑慮等表面的銷售技巧。當買家的專業程度不斷提高，膚淺的銷售只會帶來負面效果，對銷售成績毫無幫助。

在供過於求的市場環境，產品變成解決客戶問題的一項工具、一種媒介，要找到無可取代的產品越來越困難。唯一不變的是，每個人的食衣住行、七情六慾，仍然存在各種需求和問題。有鑑於此，把焦點從賣方的產品，移轉到買方想解決的問題，才是成功銷售的關鍵（見圖表 3-3）。

例如影印機業務員的競爭者，絕對不局限在競爭廠牌的影印機，同時和其提案拉鋸的，包括印表機、傳真機、掃描機，甚至是客戶處理文件的習慣。因此被客戶拒絕的提案，通常不是「規格」或「價格」被否定（雖然客戶常用它們當作檯面上的拒絕理由），而是沒有讓客戶看見價值，也沒有解決客戶真正關心的問題。而要呈現自身產品的「真價值」，就要**業務人員跳脫本位主義**，思考什麼是客戶的「真問題」。

以前有家客戶向影印機廠商詢問「掃描」的功能，幾乎所有業務員見到客戶，就口沫橫飛介紹起自家影印機掃描的操作方式。可是「掃描功能」真的是客戶最核心的問題嗎？其實不是。

客戶核心的問題應該像是：「檔案櫃裡的紙本文件堆積如山、無處堆放，或許可以將它們全部掃描成電子檔來存放。」當你意識到核心問題是什麼時，你第一個動作應該是先去「檢視現有的檔案櫃」，然後把注意力放在以下思考：

圖表 3-3　轉移關鍵成功因素——從賣方到買方

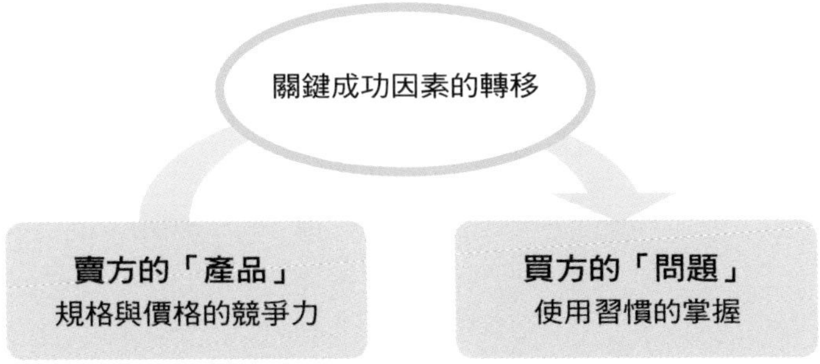

到底現在存放的是哪些文件？
這些文件的用途是什麼？
多久時間之後可能還會用到？
文件上有沒有訂書針應該先拔除？
某些文件的尺寸是否跟掃描器尺寸不合？

要訓練如何從客戶角度思考問題，首先得丟掉你和競爭對手的型錄。在還沒連結到客戶的問題之前，**豐富的產品資訊只證明了你是還算用功的業務員，但是和客戶一點關係也沒有**；要換上客戶的腦袋，想像客戶的處境，才有機會看見客戶的問題。

當你具備思考的高度，客戶也會被你影響與感動；相反的，當你還著眼於銷售話術的熟練度，就等著和過時產品一起被淘汰。

4 找出「數量」以外的交易籌碼

經濟規模雖然是製造業傳統的優勢，但在各種產品朝少量多樣、產品生命週期縮短的趨勢下，「量大」不再是不動如山的優點。

「交易規模」一直是商務談判中的重要籌碼。舉例來說，採購規模大的企業得以向供應商施壓，取得對自己最有利的條件（價格、付款條件、交貨期限等）；另一方面，產銷規模大的供應商也會有「挑客戶」的權利，面對採購規模較小的客戶採取較強勢的姿態。

因此，對於採購量小的企業（買方）或產銷量小的供應商（賣方）來說，如何找出「數量」以外的談判籌碼，成了非常重要的課題。那麼該怎麼執行呢？

首先，自己現有的「指標性」客戶不但為企業形象加分，也可以是吸引新客戶、

新供應商的籌碼之一。特別是以代工業務崛起的臺灣廠商，國際級客戶除了帶來經濟規模的訂單，也代表自己晉升世界級供應鏈的一員。若是協商談判對象認同我方的指標性客戶，肯定其品牌形象、品管水準具有加分效用，談判人員應該善加利用。

其次，找出自己的「利基」（niche，針對企業優勢細分出來的市場），才能擺脫只看經濟規模的遊戲規則。

供應商的利基包括：少量供貨的彈性、特殊產品的開發能力、客製化服務等；採購商的利基包括：較優惠的付款條件、更友善及有效率的下單流程等。採購量大或銷售量大的廠商有流程僵化、預測容易失真等缺點，各種利基總是存在經濟規模的另一端，就看我們能否找出靈活和應變的籌碼是什麼。

舉例來說，為了用更快速度、更低成本來製作雞排，店員勢必要把許多動作標準化，同時拒絕某些客製化的要求，像是雞排不能剪切、只有一種調味料等。但這是否會降低產品的競爭力，就看經營者是否取得最佳的平衡點。天秤的一端是利基（客製化、特殊需求），另一端是經濟規模（又快、又便宜），平衡點的拿捏存在許多產品策略的變化。

再者，「分散風險」永遠是規模較小的廠商可以強調的訴求，不管你扮演的角色是買方或賣方。例如：賣方只在乎採購量最大的幾家客戶，如同把雞蛋放在同一個籃子裡，一旦大客戶的需求出現異動，且又缺乏中、小型客戶訂單來源，營收衝擊就會非常劇烈；同樣道理，買方只向少數供應商下單，難保不會遇到供貨來源變動、找不到替代貨源，或是依賴度過高之後，被不肖供應商綁架，出現無理漲價的情況。

總結上述三點（見圖表3-4），經濟規模雖是製造業傳統的競爭優勢來源，但在各種產品朝少量多樣、產品生命週期縮短的趨勢下，「量大」不再是不動如山的優點。

若是可以找出速度快、風險低的競爭利基，或是充分運用既有客戶的品牌加分效應，即使沒有滿桌籌碼，你也可以握有談判力道。這般虛實之間的轉換，正是談判藝術的迷人之處。

圖表3-4　發掘更多交易籌碼

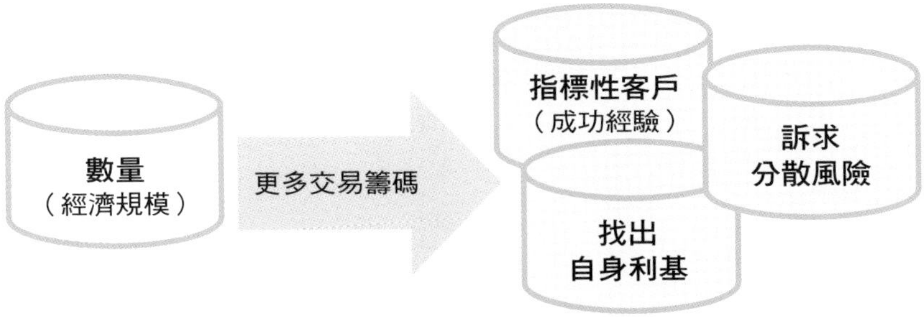

5 不要被性價比綁架了

唯有回歸到消費者需求，創造出更新、更高的價值，才能力保市場的領導地位——包括蘋果公司和後起競爭者都不例外。

從手機、電腦、電視到各種消費性電子產品，高階與低階產品之間的「硬體差距」越來越小。也就是說，以往靠「性價比」來創造競爭優勢的方法，將會越來越不適用。

舉例來說，小米手機在硬體的設計與品質追上蘋果手機的速度，只會越來越快；又或者，過去 SONY（索尼）主打高質感的機殼和畫質，成為領導品牌，如今許多平價手機也早已迎頭趕上。

同樣的道理，**只會談「價格」和「規格」**的業務人員，就像只能一味追求性價比的廠商一樣，最終只成為高效率的報價機器。要跳脫這種「製造導向」思維，可以從三方面著手（見圖表3-5）：

1. 產品的行銷策略要靈活運用「價格模糊策略」。改變產品組合、增加附加價值、提高客製化程度等，都是讓客戶無法直接比價的方法。

2. 產品上市速度變得越來越重要。市場上最好的產品不見得是獲利最佳的產品，而是能夠「最快回應顧客」的產品。Zara、Uniqlo 等快速時尚品牌，將服飾產品開發時間從兩個月縮短成兩週，就是最好的例子。

3. 感性能力比理性能力重要，從行銷、業務、客服人員，到設計、技術甚至是行政人員都適用。商業世界永遠是圍繞在「人」身上，越能掌握人性，越能創造高價值，這是從古至今不變的道理。

圖表3-5　脫離製造導向思維的三個方法

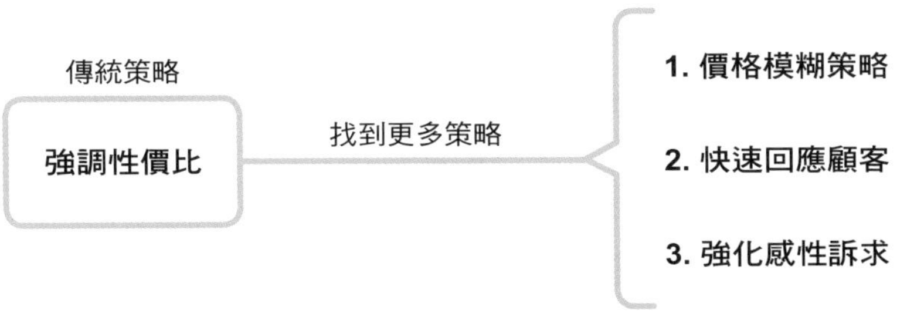

全球經濟領導者該有的思維

在亞洲從「世界工廠」變成「世界市場」的過程中，全球產業結構與市場地位勢必重新洗牌。我們過去有豐富的製造、運籌經驗，再加上靠近新興市場的地利之便，有絕佳的機會可以成為全球經濟的領導者，出現更多世界級的企業和品牌。

關鍵在於：亞洲企業是否能夠擺脫工廠導向的思維，不再以性價比作為產品開發、市場策略的僵化指標。當企業可以把硬體、軟體、服務整合成解決方案，就能擺脫比規格、比價格的舊模式，以顧客需求為核心，創造高價值的品牌。

拿蘋果電腦為例，它以創新、行動、簡潔等元素，成功打造出高獲利的品牌。然而，蘋果在硬體的優勢快速被平價手機追趕上來，軟體和行動整合平臺的商業模式也被大量複製。唯有回歸到消費者需求，創造出更新、更高的價值，才能力保市場的領導地位——包括蘋果公司和後起競爭者都不例外。

6 同一場賽局，有人看到競爭，有人看到合作

我們可以將客戶需求區分成不同面向，若是能充分掌握需求，競爭反而變成次要議題。從另一個角度來說，事業合作的可能性也遠比過去大得多。

在零售市場，萊爾富推出「非二十四小時營業」的小型折扣超商「Cstore」。這種一天只營業十六小時、店面縮小到二十坪左右的超商，在營業時間、訂價策略上，都像是走回傳統零售店的定位。在前兩大龍頭（統一、全家）持續獨大的情況下，萊爾富試圖找到新的市場區隔，來凸顯品牌的差異化價值。

另一方面，量販店龍頭家樂福、大潤發的招牌，悄悄進駐許多社區，開設起「比超市小、比超商大」的二十四小時便利店。在已經是戰國時代的超商市場，傳統量販

店加入戰局，進一步加劇競爭程度。

這種打破傳統市場界線的競爭，不管從食、衣、住、行、育、樂的消費市場，一直到機械設備、零件半成品、原物料等工業市場，都是現在進行式。它同時也意味著傳統的競爭理論已經不適用了，因為競爭者不一定來自同一個類別或市場區隔。

而這對業務人員的意義在於，分析自己產品和競爭對手的差異，其實並不是首要任務。業務人員真正需要關心的，是回歸到最終埋單的對象：客戶。

競合策略，同業也能結盟

我們又可以將客戶需求，依不同面向區分為：表層和深層需求、顯性和隱性需求、理性和感性需求、短期和長期需求、直接和間接需求等。若是能充分掌握需求，競爭反而變成次要議題。

既然競爭的界線變得如此模糊，從另一個角度來說，事業合作的可能性也遠比過去大得多。因為單一企業要完整滿足複雜又多變的客戶需求，幾乎是不可能的任務，異業結盟甚至是同業結盟，都可能列入未來的策略選項（見圖表 3-6）。

臺灣自行車產業的 A Team 和工具機產業的 M Team，正是供應鏈體系水平與垂直合作的最佳典範。它們不但和自己上游、下游的零組件廠商合作開發產品（垂直整合），就連同樣是組裝廠的競爭對手如巨大（Giant，捷安特為其主要行銷品牌）與美利達（Merida），也願意一起攜手邁向國際市場（水平整合），把「臺灣隊」的招牌擦亮。

未來在醫療、物流、能源等市場，都**需要更多的策略聯盟，以產生完整且高附加價值的整體解決方案**。具有較大視野、較高格局、較快反應速度的企業，將會扮演「系統整合商」的角色，在產業鏈上擁有更高的彈性和競爭力。

其中「競合策略」最有意思的是，雖然舊思維看到了更多競爭，但新思維看到的是更多合作，而它們描述的可能

圖表3-6　充分掌握需求，競爭反而變次要

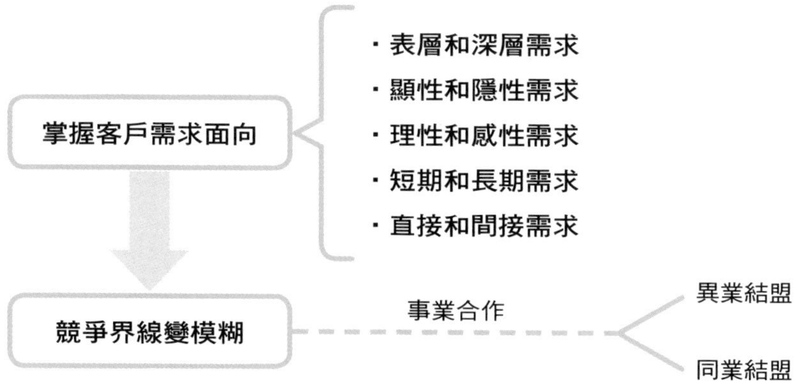

是同一場賽局，卻得到完全不同的結果（見圖表 3-7）。

舉例來說，過去披薩和炸雞是競爭對手，都在爭搶年輕消費者的市場，傳統思維裡似乎沒有合作的空間。可是如今連必勝客、肯德基都可以推出「聯名卡」，你說競爭與合作是不是一線之隔呢？

圖表 3-7　同樣賽局中，新、舊思維的不同

7 為什麼二手車和新車，能從競爭變合作？

當原廠同時掌握新車與中古車的顧客群，代表品牌更了解目標族群的特性，顧客關係管理也可以更全面。毋庸置疑。

市場的遊戲規則隨著環境轉變而有所不同，廠商除了在產品本身追求創新，更重要的是看到商業模式（business model）與市場區隔（market segmentation）的趨勢，進而做出與時俱進的策略調整。這樣的例子經常在我們生活周遭發生，二手車市場就是一例。

十年前對汽車原廠來說，二手車幾乎是新車的直接競爭者，或者稱為需求的替代品，因為二手車賣得越好，原廠新車的銷售量就越少，畢竟一個市場的開車人口、換車數量是固定的。百家爭鳴的二手車商，和汽車原廠搶食的是換車需求的市場大餅，原廠因而也將二手車市看成另一個與自己衝突的市場區隔。

然而，二手車市的蓬勃發展，難道真的排擠到原廠的銷售量？兩者是相互衝突的嗎？近年的市場發展，給了令人意想不到的答案。

當原廠介入二手車廠，是禍還是福？

事實上，由各車廠主導的「原廠認證中古車」，不但沒有削弱新車的銷售力道，反而助長銷售。經過我的觀察，原廠介入二手車市的經營，對品牌的正面效益有：

1. 當中古車市被制度化、規範化的管理，代表這個品牌的車主要汰舊換新時，存在一個合理、有保障的機制去處理舊車，對品牌當然帶來加分效果，提高了購買該品牌新車的意願。

2. 中古車不再流入良莠不齊的二手車商手中，而是由原廠體系接手管理，大幅降低黑市的零件需求，進而降低該品牌新車的竊盜率。

3. 當原廠同時掌握新車與中古車的顧客群，代表品牌更了解目標族群的特性，顧客關係管理也可以更全面。毋庸置疑，這對新車與中古車的銷售都有幫助。

4. 當新車毛利越來越低，廠商得靠售後服務、維修保養來獲取利潤，如此一來，原廠投入中古車市的經營，便有助於毛利提升。換句話說，當我們與顧客發展的關係越長久、越廣泛，越有機會創造穩定營收，進而邁向永續經營。

從車市的例子我們可以看到，市場規則的變動越來越快，過去認定的競爭者、競爭領域，很可能是未來自己要跨入經營的市場區隔。因此，任何想要固守舊經驗、舊知識的廠商，都很容易被市場淘汰，各行各業都不例外。

如今，以競爭為核心的舊思維不再適用，因為廠商和廠商之間的競爭行為，並不是終端消費者關心的事。以需求為核心，回到原點思考供應商與顧客的關係，才是行銷策略的最佳指導原則（見圖表3-8）。

圖表 3-8　思維核心改變，消費者反應大不同

思維	核心	消費者反應
舊	廠商之間的「競爭」	「我不關心這個。」
新	思考顧客的「需求」	「對我有幫助，值得關注。」 行銷策略的最佳指導原則

8 一旦走入價格戰，買賣方雙輸

太多廠商因短期績效的壓力，以至於做出不負責任的產品定價。但低價背後不是犧牲品質和服務，就是缺乏雙贏、穩定的供需關係。

如果你是身陷價格戰的業務人員，換言之，報價單上必須呈現最高的規格、最低的價格，顧客才願意埋單，那麼我衷心的建議你重新思考：交易價值是建立在什麼基礎之上？

狹義來說，銷售是協助顧客取得需要的產品和服務；廣義而言，就是協助他們獲得更美好的生活。價格高得不合理讓顧客吃虧，當然不應該；但是價格過低，使得供應商無法維持適當利潤，確保穩定、高品質的供給，最後也只會產生買賣「雙輸」的結局。

環顧今日的消費市場，有許多價格與品質都過低的產品充斥在貨架上，降低整體市場的合理獲利，進而壓縮供應商提高品質、研發創新的可能性。更諷刺的是，許多「低價策略」並非出自消費者的需求或要求，而是缺乏創新和行銷能力的廠商，為了維持市場占有率的一種競爭策略。

當消費者更合理的聰明，市場也跟著聰明了

的確，短時間內用低價擴大了經濟規模，營收可以馬上提升；但是回歸到市場交易的本質來看，一個有品質的好產品，同時也需要合理的利潤和成本結構去支撐，才會有可長可久的市場運作。

否則當品質與服務流為口號，而缺乏實際的投資與投入，一切看數字（價格）的市場通常都走向低價值與低品質。

我個人會有這樣的感觸，原因有二：

第一，太多廠商因為短期營運績效的壓力，以搶占市場占有率為優先目標，以至於做出「不負責任」的產品定價。

但低價背後不是犧牲品質和服務，就是缺乏雙贏、穩定的供需關係，當然不會有

健康的市場機制存在。

第二，太多業務人員被競爭價格干擾，無法堅持合理的報價。事實上，我們都能認同產品需要合理的成本和售後服務；但是許多價格導向的廠商和業務人員，在給出競爭下的自家報價時，不僅連自己都無法說服，更沒有辦法將合理的利潤反映在報價上。如此一味跟隨競爭者起舞的後果就是——市場被越做越小、越做越沒有價值。

身為消費者，現在回想過去那些習以為常的消費決策，有兩個問題值得我們好好思考：

1. 我們真的打算只讓「數字」左右市場嗎？
2. 身為供應商或業務人員，我們的顧客真的只青睞「最低價」的報價單嗎？

重新思考過後，我相信人們會變成更聰明的買方和賣方，最終成就一個更聰明的市場（見圖表 3-9）。

圖表 3-9　成熟市場下的環環相扣

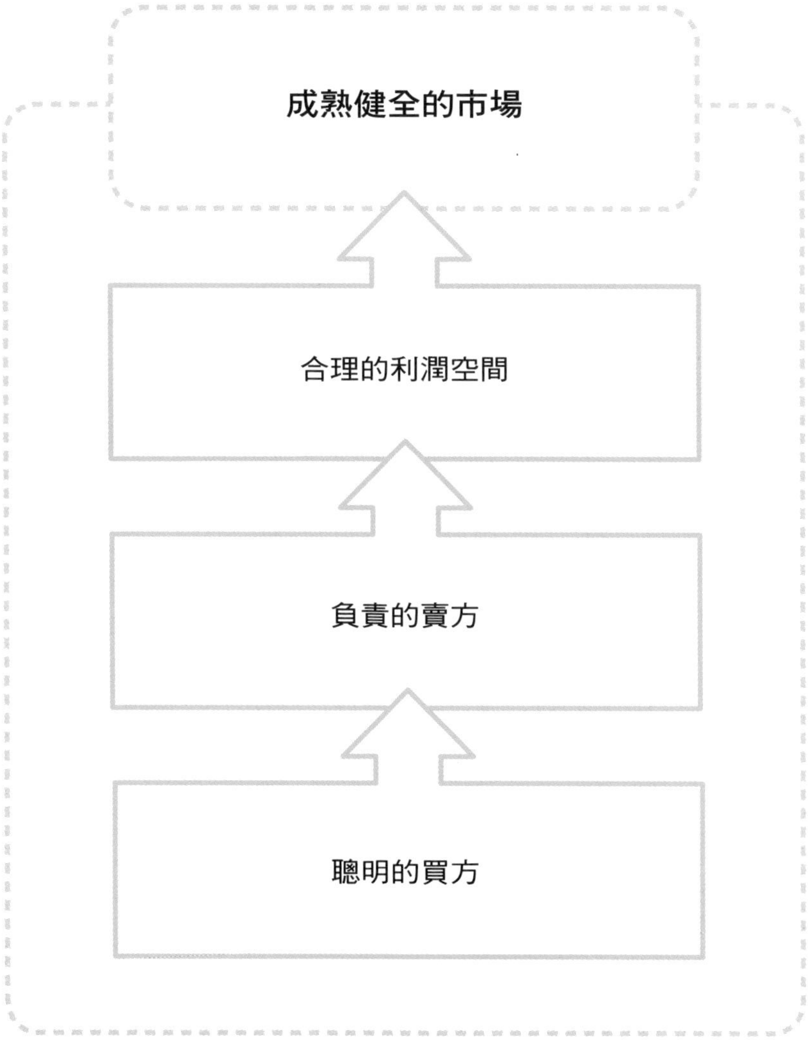

9 我就是不要標準化——差異化越高，競爭力越強

在朝高附加價值產業結構轉型的過程中，如何擺脫標準化的工廠導向思維，建立差異化的市場導向作為，決定了企業競爭力的強弱。

在專業的採購策略中，把業務員推向「標準化」的競價舞臺，是採購人員取得議價優勢的重要方法。產品規格被標準化之後，有利於買方貨比三家，但是賣方提供的服務與附加價值因為難以量化，也容易淹沒在數字競賽當中，不受到重視。

影印機的合約洽談，就是一個典型的例子。

一般認定影印機是一種「標準化」的產品，它最大宗的產出物就是一張張黑白影印的文件，不會因為廠牌不同而有太大差異。業務員在無法塑造出差異化的情況下，只好在唯一的比較項目——「列印成本」上面打轉。隨著越多競爭者加入，價格廝殺

得越厲害，買方自然會取得越有利的談判位置。

然而，影印機產出的「文件」固然是唯一看得著、摸得到的最終成品，但是「影印文件」這個動作，再加上影印機操作的便利性、穩定性、售後服務的速度與品質等，才稱得上是解決方案的全貌。把這些因素納入考量之後，理智的客戶會同意，報價單上的數字不該是唯一著重的評估項目才對。

企業能否找出「非標準化」的空間，以及業務人員能否凸顯差異化帶來的效益，正是價值高低的分水嶺。

標準化只是入場券，你得想辦法屹立不搖

在臺灣朝高附加價值產業結構轉型的過程中，如何擺脫標準化的工廠導向思維，建立差異化的市場導向作為，直接決定了企業競爭力的強弱。若是廠商能看清楚價值鏈的全貌，就能更全面的了解自己在產業結構中扮演的角色，進而創造差異化的價值，並且進一步教育客戶、主導市場。

反觀標準化的策略，雖然能創造短期的效率跟收益，卻不利於建立可持續性經營的市場，這從臺灣熟悉的全球電腦產業即可獲得印證。舉例來說，戴爾電腦（Dell）

將物流通路標準化、效率最大化，而廣達電腦（Quanta）將生產過程標準化、產能最大化，兩者都利用經濟規模創造產業的第一波高峰，成為電腦普及的重要推手。

但是標準化也把市場加速推向成本導向的瓶頸，無法差異化的廠商就很難擺脫困境。特別是從標準化、經濟規模這些遊戲規則中勝出的戴爾和廣達，由於企業的固定成本與風險隨之提高，所以轉型的挑戰與難度，更勝於中小型企業。

如圖表3-10，我們會看到買方（採購員）試著把產品和服務定義為標準化的項目，因為越標準化的產品和服務，越容易貨比三家、取得議價的籌碼，也就是往箭頭的左邊移動；相反的，賣方（業務員）應該要凸顯自己差異化之處，才能提高解決方案的價值，避免陷在價格戰之中，也就是往箭頭的右邊移動，如此雙方產生拉鋸，尋找

圖表 3-10 標準化與差異化的拉鋸

彼此都能接受的平衡點。

切記，標準化的效率能取得入場券，但是差異化的價值才能在舞臺上站得久、站得穩，這是所有企業永續經營的必修課題。

掃描看更多，
熟悉關鍵成功因素。

專欄 2

拆解關鍵成功因素活用簡表

大家或許都知道自家公司有何優勢，但換個角度、從客戶的觀點來思考真正的優勢，好像或多或少都有些盲點。我們可以怎麼拆解關鍵成功因素（CSF）？搭配表格，步驟如下：

1. 以某一家關鍵客戶為例，列出客戶目前把訂單分配給哪些供應商。
2. 列出這些供應商的名稱，以及分別取得訂單的百分比是多少。
3. 進一步分析供應商之間的優、劣勢，也就是客戶在決定訂單分配時，關鍵考量依影響程度排列，分別有哪些（例如：價格、交期、品質、服務等）。

● 表格

供應商排序	供應商名稱	訂單占比（%）	CSF 1	CSF 2	CSF 3
1					

● 範例

客戶名稱：×××

供應商排序	供應商名稱	訂單占比（%）	CSF 1 品質	CSF 2 價格	CSF 3 技術	CSF 4 交期	CSF 5 服務	CSF 6 其他
1	×××	50%	優勢			劣勢		
2	×××	30%		優勢			劣勢	
3	×××	10%	劣勢	優勢	劣勢	優勢		
4	×××	10%	劣勢				劣勢	
5								

2								
3								

B2B業務關鍵客戶經營地圖研習營現場報導

關鍵成功因素（CSF）分析的核心概念，就是把「競爭」這件事情看清楚。說得白話一點，就是我們和競爭對手之間到底誰占上風？拿到訂單、失去訂單的原因是什麼？試著釐清這些關鍵因素。

但是為什麼這看似基本的議題，很多公司在實務上還是沒有做好？根據我這些年的跨產業經驗與觀察，我認為原因有二。

第一是「多角化經營」的趨勢，讓企業的競爭者越來越多，

競爭趨於複雜。當產品線越來越多元，涉入的市場越來越廣，要掌握的競爭者資訊理所當然也隨之增加。在這樣的情況下，第一線的業務同仁只熟悉自己負責市場的競爭者，而業務高階主管又可能只了解市場全貌，對競爭狀況的細節一知半解，如此一來，業務團隊縱向（上與下）、橫向（跨市場）資訊的整合都不足，當然難把整體競爭狀況看清楚。

其次是市場環境的變動越來越快，競爭態勢每一季、甚至每個月都在改變，競爭分析、競爭策略從來就不是一項「靜態」的

（接下頁）

課題。

透過拆解CSF的內部討論，業務團隊可以及時修正特定市場的作戰方針，把公司的資源和團隊的時間用在刀口上。

之前，在一家傳產公司研習營討論CSF的過程中，業務主管和製造部經理的看法出現很大的差異。業務主管認為「交期」（速度）是自己公司的劣勢，因為長期以來他們回覆給客戶的交期太長，不具競爭力。製造部主管卻驚訝的回覆，那是因為業務代表沒有註明「急單」的緣故，所以製造部經常把產能挪用到其他客戶的訂單去。

經過檢討之後，這家公司更改了訂單排序的規則，以確保製造部門的優先順序符合公司的市場策略。這便是跨部門以及視覺化（透過海報進行研習營）討論的好處。

第四章

客戶旅程最佳化

掃描聽更多，
本章關鍵字：「流程」。

地圖探索・關鍵提問

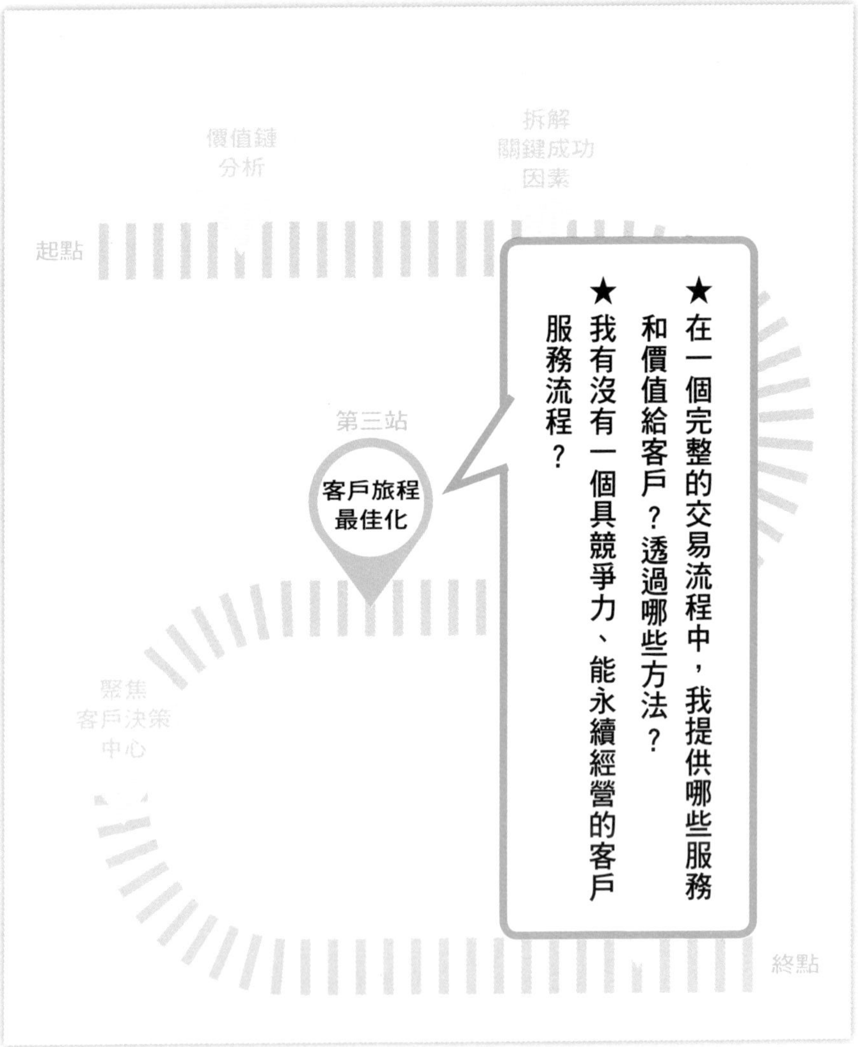
價值鏈
分析
拆解
關鍵成功
因素
起點
第三站
客戶旅程
最佳化
聚焦
客戶決策
中心
終點
★在一個完整的交易流程中，我提供哪些服務和價值給客戶？透過哪些方法？
★我有沒有一個具競爭力、能永續經營的客戶服務流程？

1 何謂「B2B客戶旅程」？

B2B客戶旅程是為了給客戶更好的交易過程與專案經驗，好像是為了客戶而做。但在這個過程，企業的競爭力也會一點一滴提升。

「客戶旅程」（customer journey）一詞，指的是消費者在購物前、中、後經歷的各種體驗過程，廠商找出關鍵的服務接觸點（contact point）後，進行系統化的調查、研究、改善，以提升顧客滿意度。在工業B2B市場，這樣的概念同樣重要，我稱之為「B2B客戶旅程」。

客戶從搜尋供應商、送出詢價單開始，接著與業務代表來回討論需求與提案，一直到出貨、收款、售後服務，B2B市場的每一筆交易都算得上是一項專案，也就是客戶體驗的一趟旅程（見下頁圖表4-1）。針對營收與獲利等落後指標是結果管理，把客戶旅程展開來，才能進行有效的過程管理。

分析客戶旅程三目的

在企業變革改造的過程中，我們拆解與分析B2B客戶旅程，可以達到三個目的：

首先，客戶的專案資訊透明化後，無效流程或關鍵瓶頸被攤在陽光下，團隊合作的效率會大幅提升。實務上經常發生的資源分散、未充分整合，大都是因為專案資訊無法被有效分享。讓外部客戶及內部後勤團隊都了解，一個專案會經歷哪些流程與步驟，才能有效凝聚共識與方向，成為目標導向的團隊。

其次，對專案的細部進度有較多掌握，會降低客戶的不確定感，甚至減少客訴的產生。舉例來

圖表4-1 B2B 客戶旅程（專案流程）

說，同樣是被延長的交期，若是業務代表可以把備料、生產、檢驗等流程的花費時間、延遲原因交代清楚，客戶的感受就會大不相同；相反的，業務代表若只能提供片斷資訊，客戶的不滿很容易被擴大和渲染。客戶滿意度、業務專業形象的魔鬼，都藏在溝通的細節裡。

第三個好處是，因為客戶對供應商克服什麼困難、解決什麼問題、投注什麼資源，有更具體的理解，這麼做也會**提高客戶對整體交易的「認知價值」**（recognized value），而非局限在狹隘的產品單價、交期天數。相較於B2C市場看得到、摸得到的消費產品，B2B市場有更多商業價值是落在技術、製程、品質等抽象的服務項目，認知價值扮演非常重要的角色。

好比你想要上網訂一間民宿，從打開電腦的第一時間，你所體驗到的旅程就開始了（而非步入民宿大門才開始），包括：民宿的資訊容不容易被搜尋到、房間與設施的介紹有不有趣、訂房與付款的方式是不是簡單易懂等，每個細節都會影響你對這次旅程的觀感。

我有位朋友某年夏天上網看到一家很喜歡的民宿，但是打電話過去詢問時，需要的房型已經被預訂了。他多次詢問有沒有任何調整或異動的可能性，老闆很親切的跟他道歉，並保證若房間有異動，一定立刻通知他，之後還陸續寄了不少周邊景點的資訊給他。

讓他印象深刻的是，像他這樣仍未訂房成功的顧客，老闆還是用同樣的熱情招呼他。過了數週，民宿來電，告知他有其他顧客取消預訂，剛好我朋友尚未找到其他滿意的選擇，便非常開心的入住了。

在上述過程裡，顧客其實並沒有在第一時間取得他要的服務（訂房成功），但是反而因為如此，他親眼見識到老闆的服務熱情。而等待候補的過程，老闆也和他保持交流，維持他對這間民宿的好印象。所以誰說客戶旅程是成交締結後才開始的呢？

照字面上來看，B2B客戶旅程是為了給客戶更好的交易過程與專案經驗，好像是為了客戶而做。事實上在這個過程，企業的競爭力也會一點一滴提升，邁向永續經營的企業旅程。

2 全方位經理人才都懂得拆解流程

從這個角度來說，業務人員的溝通能力也分得出價值高低：低價值的溝通是追求交談過程的和諧和效率，高價值的溝通是引導團隊找到更好的解決方案。

製造業是一個非常需要團隊合作的環境，因為客戶需求沒有辦法只由少數部門來執行完成。除了良好的跨部門溝通，還需要跳脫單一部門、掌握全局的視野，才能夠合理解讀客戶需求，提供高價值的解決方案給客戶。

我接觸過一家機械製造廠（A公司），因為產品的客製化程度高、特殊規格眾多，再加上長達數個月的生產週期當中頻繁變更設計，導致最終成品（機臺）出廠檢驗的項目規範不易。

這造成的結果就是，人力有限的品保單位，平常總是依靠大量的經驗來進行品管工作。每當客戶到廠驗收並指出各種問題時，品保單位只能當「救火隊」去協調改正各種缺失，而不是擔任一名客觀的內部裁判。

我聽到他們的問題時，深知如果要解決這個品保單位的問題，答案其實在其他部門身上。因為產品規格是由客戶、供應商的研發單位共同設計，最終檢驗項目的規範也應該由他們來主導。而且在產品設計週期拉長、規格不斷變動的情況下，出貨前的「檢驗規範書」必須在產品開發過程中不斷修正和更新，以確保最終的品保單位有所依據。

諷刺的是，正因為這會是一份變動頻繁的規範，A公司在缺乏跨部門整合能力的情況下，就把所有工作和責任都放到品保單位，造成實際的情況是：品保文件上的標準檢驗項目只涵蓋了一小部分的問題，而大部分實務上發生的問題還是依靠「人治」而非「法治」，品保單位的一團混亂也就可想而知。

上述是一個很典型的B2B產業案例，未來各產業客戶需求複雜和變動的程度，只會越來越高。有鑑於此，自詡為「企業火車頭」的營業單位，如果不夠了解跨部門流程，就很難使訂單履行流程成功最佳化，客戶服務的品質、速度、成本，都會大受影響。

至於有能力看得到、看得懂跨部門「價值溪流」（Value stream）的業務人員或主管，他們的策略思維和整合能力，就是成為全方位經營管理人才的必備條件（見圖表4-2）。

從這個角度來說，業務人員的溝通能力也分得出價值高低：低價值的溝通是追求交談過程的和諧和效率，高價值的溝通是引導團隊找到更好的解決方案。

因此，業務人員不但可以被定義為熟悉接單作業的文書操作員，也可以被視為洞悉企業整體運作的指揮者。同樣一份工作的格局和價值，由我們的腦袋來決定。

圖表4-2　全方位經營管理人才的必備條件

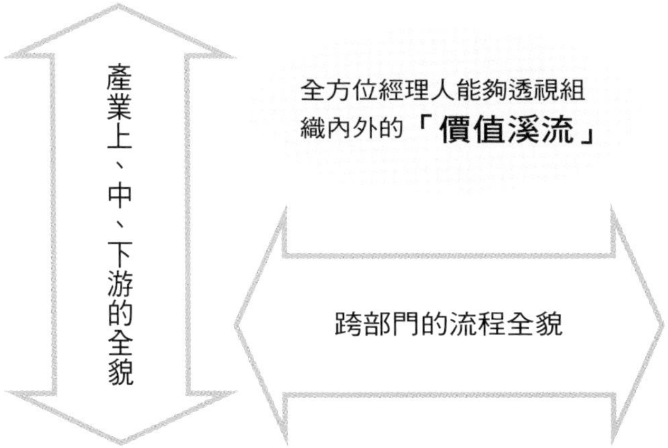

業務小辭典

- **價值溪流**：一連串必須的活動，以設計、製造、提供產品給客戶。透過嚴格檢視此流程，可以找出其中無價值的活動，並針對浪費之處（無法替終端產品增值）進行改善。

拆解專案流程，人和事情都確保到位

在經營Ｂ２Ｂ關鍵客戶的過程，「拆解專案流程」是非常重要的步驟，也是許多管理者容易忽視的基本功。從狹義的角度來看，它只是在檢討作業流程和表單；但是廣義來說，分析客戶經歷的詢價、採購、交貨、服務等流程，才能回歸基本面去定義企業（供應商）存在的價值。

舉例來說，供應商對客戶提出的設計圖不熟悉，以至於雙方研發人員在一來一回的溝通上耗費多餘的時間，拉長了產品開發的計畫時程，連帶延遲產品上市的時間、壓縮企業獲利。這一連串營運上的負面影響，都起源於「設計圖溝通不良」這個步驟，而背後反映的是研發人員可能的專業落差、溝通技巧，以及企業內部管理表單、管理流程的設計等。

如果能夠把場景拉到「與客戶討論設計圖」的現場，企業才能扎扎實實的找出瓶頸，並據以展開行動對策。否則，提升客戶滿意和經營績效，經常流於精美的投影片和口號而已。

拆解客戶專案流程後，要掌握以下幾個重點：

首先，盤點雙方投入專案的團隊成員，確保資訊分享與交流的順暢，以及對專案的重視與承諾。B2B客戶的銷售與服務，是由供應商與客戶兩個團隊共同執行，當利益關係人變多、變複雜之後，難免會出現議題失焦或資源分散的情況。記住，團隊聚焦是首要任務，因為只有人到位了，事情才會到位。

其次，檢視專案各階段的投入工時是否合理。當我們把客戶專案各階段的工作天數攤開來，就能更精準評估最珍貴的時間資源是怎麼被利用的。過去我所輔導的案例，曾經有過生產交期六十天裡面，竟有超過四十天是等待上游廠商來料，企業卻花大部分時間在檢討內部生產排程，其實問題的癥結應該在外部供應商管理才對。

再者，是確保專案各階段的表單和報告，形成一條有效的資訊流。企業營運面的組成，是來自分散的「點」和「線」，分別是「表單」和「流程」。嚴謹的企業將與客戶往來的所有表單視為最重要的文件，除了嚴格要求格式一致、內容正確，也把它作為教育訓練的教材，甚至是討論策略時的參考。畢竟這些表單與報告，就是供應商與客戶交換訊息最重要的媒介，提升客戶價值的線索都在其中。

所有人都知道「顧客至上」的道理，這句標語不知道出現在多少辦公室和工廠的牆上。但只有那些少數回歸基本作業面的管理者和執行者，有本事在離開會議室後帶來改變。

3 破除穀倉效應，你的和客戶的穀倉

完整解決方案大都需要更複雜的專業分工。穀倉效應不僅讓組織的反應速度變慢，也會形成許多管理盲點。

如果你曾經在用餐的尖峰時刻到麥當勞（McDonald's）排隊，一定有過這樣的經驗：前頭的顧客擋住視線，所以你只能抬頭望著櫃檯上方的菜單看板，又不時的探頭關心一下前方的點餐進度。當櫃檯服務員看見你在隊伍後面望著他，不自覺又拉高音量、加快點餐的速度，以減少來自顧客人群「嗷嗷待哺」的眼神。

但是為什麼到了星巴克（Starbucks），同樣是排隊等待的過程，壓力卻好像少了一些？有別於麥當勞的排隊動線與櫃檯垂直，星巴克門市的排隊動線則與櫃檯平行，顧客排隊過程映入眼簾的，是展示櫥窗內可口的蛋糕和新鮮的水果盒，同時店員沖泡

咖啡、準備餐點的舉動都看得一清二楚，顧客的焦慮感就跟著下降了。

透過不同的流程設計和管理，企業傳達出不同的文化與價值觀。麥勞當鎖定年輕族群、中低價位的速食餐飲，星巴克族則是鎖定有品味的社交環境。流程除了會影響顧客的感受，連帶也會影響員工與顧客互動的方式，形成一股循環。同樣的道理，**仔細拆解企業與B2B客戶之間的銷售、服務、專案管理流程，也有助於釐清企業的核心競爭力何在**，並提升客戶管理的成效。

過去我在輔導企業客戶的過程，把業務、行銷、研發、生產、品管、物流等單位串聯起來，往往發現客戶旅程有諸多改善機會點。但是礙於組織內的本位主義，這些挑戰不容易被組織內部的人發現，遑論要採取因應對策。所以**客戶旅程最佳化，最客觀的方法是透過外部第三方的角度**。

明明是溝通問題，卻成了穀倉裡的技術問題

美國《金融時報》（*Financial Times*）獲獎無數的記者兼主編吉蓮・邰蒂（Gillian Tett），觀察到二〇〇八年金融海嘯期間，銀行業者、主管機關與中央銀行之間不清楚彼此的運作方式，就連單一銀行內的不同部門也各行其事，不了解其他

單位遭遇到什麼問題。這樣的穀倉效應（企業內部因缺少溝通，部門間各自為政，只有垂直指揮系統，沒有水平協同機制，就像一個個的穀倉）即使在金融海嘯過後，也普遍存在於各種行業和公民營組織內（見圖表4-3）。

如今客戶對產品和服務的期待越來越高，完整解決方案大都需要更複雜的專業分工。穀倉效應不僅讓組織的反應速度變慢，也會形成許多管理盲點，讓供應商在掌握客戶需求時失準。

B2B業務人員必須體認到這樣的挑戰，並以稱職的專案經理自居，不只帶領團隊突破組織內的穀

圖表4-3　穀倉效應導致管理盲點

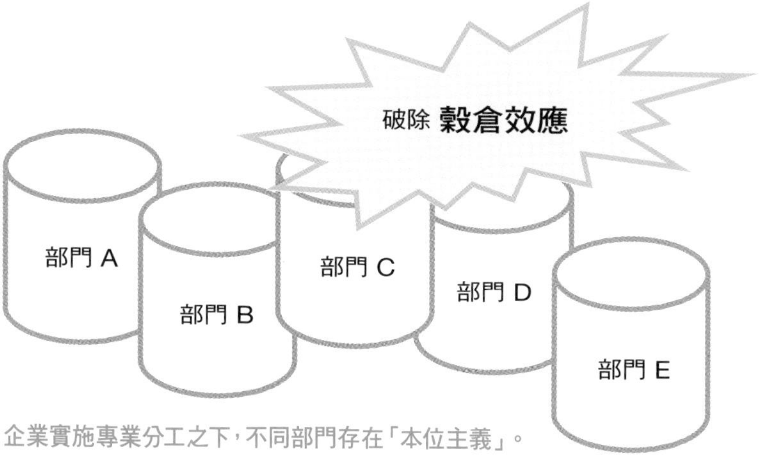

企業實施專業分工之下，不同部門存在「本位主義」。

倉，也帶領客戶跳脫產業內的穀倉，如此建構一條合理的客戶旅程，貼近客戶需求。

過去我在傳統產業從事銷售工作時，就面對許多典型的穀倉，一筆訂單從規格確認、生產排程、交貨運輸、安裝施工等，要經歷客戶、供應商兩邊的各個部門（技術、生管、物流、服務等單位）。若是業務員接單之後就把需求拋給後勤單位，沒有仔細追蹤進度、溝通協調，一旦有流程耽誤，整體專案進度就會延遲許多，最終客戶抱怨在所難免。而那些受到客戶肯定的業務員，大都是溝通協調高手。

某次，客戶訂單上的變壓器規格和常用的不同，供應商的工程師堅稱是客戶弄錯了，然而客戶的工程師也堅持自己的判斷，雙方僵持不下，製造部因此也不敢備料生產。一般的業務員會說這是「技術問題」，自己無能為力。

可是當時我們負責此案的業務代表是一位積極的年輕人，他先買了星巴克咖啡找自家工程師請教，從基本的電路配置、設計邏輯一步步釐清，把客戶工程師可能的盲點找出來；之後再私底下提醒客戶哪些地方疏忽了（而非在公開會議上），最後成功約到兩邊的研發團隊坐下來溝通，順利排除瓶頸。

積極任事的業務代表，勇於破除組織內的層層穀倉，不但贏得好人緣，自己的專業知識和影響力也在無形中提升不少，利人又利己。

4 重要但不緊急的工作：流程最佳化

由於業務人員須面對不同客戶的作業差異，抑或是客戶需求更改頻繁等特性，沒有辦法如生產線般將主要流程標準化，更容易產生無效流程、無效工時。

業務流程最佳化指的是：從市場開發、議價談判、訂單履行、產銷協調、出貨安排、帳款管理等銷售流程中，辨識出重工及作業效率低落的部分，設法加以改善，提高業務人員的工作效率，以及業務團隊的生產力。

然而，最能夠找出改善空間的人，也是瑣事最多、負責執行的第一線員工。當這兩個角色在同一種人身上，就成了流程改善的障礙，因為很少人願意靜下心來思考，現行作業有什麼地方可以變得更流暢、更有效率。

業務人員最常給我的說法是：「我每天已經被忙不完的文書作業綁架，實在沒有時間再去研究，什麼是更合理的工作方法。」這樣就成了惡性循環——沒效率的流程造就沒效率又不思進步的工作者。

事實上，所有改善都是從小處做起，如：個人的檔案管理方式、業務部門與其他單位的資訊流通管道、樣品在不同單位與客戶間的傳遞方式。**生產線上的精實理念絕對適用在業務部門**，因為企業運作的本質，就是追求物流、金流、資訊流的最佳化。

業務需求頻繁更改，更應將流程最佳化

由於業務人員須面對不同客戶的作業差異，抑或是客戶需求更改頻繁等特性，沒有辦法如生產線般將主要流程標準化，所以更容易產生無效流程、無效工時。

這讓我想到有一次，一位業務員接獲客戶投訴，急忙調閱兩個月前的訂單資料。但因為訂單經過幾次修改，又在不同單位間流傳、歸檔方式不一致，導致他拿了錯誤的內容，去面對一位原就火冒三丈的客戶，真可謂火上加油。

為了避免上述情況，業務代表應盤點、條列所有和客戶往來的表單有哪些，包括詢價、報價、規格確認、樣品測試，一直到出貨、收款，然後將這些表單分門別類的

彙整歸檔，並且給予一致化的檔案命名方式，如此一來才能在最快的時間內，查詢到最正確的資訊，達到流程最佳化。

對業務部門來說，業務流程最佳化算是「不緊急」但是「絕對重要」的工作（見圖表4-4）。

如果用心觀察一位業務員從接單到收款，從月初到月底的各項工作內容，可以發現許多縮短流程、提高效率、減少錯誤的改善空間。在我們要求工廠縮短交期、拉高產量、提升品質的同時，別忘了業務人員本身也是價值鏈的一分子。更重要的是，所有改善都始於細節；而所有細節，都掌握在第一線執行者手中。

圖表4-4　重要、緊急的工作象限

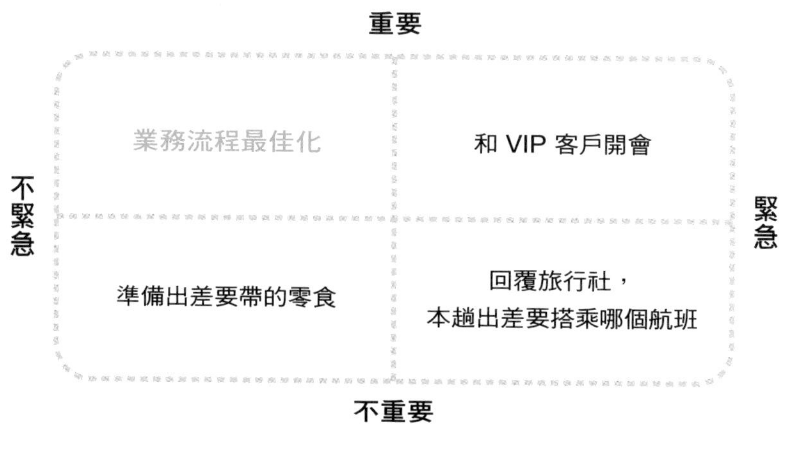

5 有品質的交易過程，就會有下一次的機會

有品質的交易過程沒辦法百分之百保證帶來完美的結果。但就管理的角度來說，提升過程的效率和品質，是經理人永遠可以控制、改善的部分，其價值毋庸置疑。

銷售是絕對講究結果的工作，業績數字決定業務員的績效，也說明企業經營的成效，結果的好與壞騙不了人。然而，正因為它如此強調結果，以至於許多業務員從入行、成為資深人員一直到晉升主管後，都慣於聚焦結果、輕忽過程。

這樣的習慣擴散到一個人在組織內的溝通協調、領導與被領導、工作管理等，就會成了最大的盲點而不自知。要知道，結果當然重要，但是我們也必須體認到「好結果」通常是「有品質」的過程造成的。衡量「過程」的標準包括：管理報表、會議效

率、執行力等，都可以看出端倪。

不可否認，有品質的交易過程沒辦法百分之百保證帶來完美的結果，企業經營有無法控制的風險和變數，世界上沒有一定成功的事業。然而就管理的角度來說，提升過程的效率和品質，卻是經理人永遠可以控制、改善的部分，其價值毋庸置疑。

過去的我，也曾陷入隧道視野

擔任影印機業務員時，我也曾經太在乎結果，以至於忽略了過程。舉例來說，看到同事接到來電就快速成交的例子，我覺得他未免太幸運了吧！於是我到處打聽這一類的案子要從何而來，我的視野都集中在隧道正中央，那個「天上掉下來的機會」。

但是我沒有意識到的是，即使機會來了，自己對產品專業知識的熟稔程度，才是那掌握機會的臨門一腳。就在我也接到幾次電話，但是讓機會白白流失之後，我才驚覺專注於結果、輕忽過程是多麼愚蠢的一件事。

過程付出的努力、累積的經驗，雖然不保證這一次的成功，但是銷售工作永遠有數不盡的下一次機會。只要願意彎下腰、挽起袖子努力，過程的付出早晚會看到結果。這樣的心得從銷售工作到管理領導、從處事到做人，一再被驗證，因此我得到的體會是：「過程本身就是一種結果。」

如果靜下心來思考，過程當中的確有許多「階段性」的結果可以衡量。客戶拜訪完的會議紀錄、拓銷參展後的檔案管理、業務部門的各種文件合約管理等，儘管基本動作的細節瑣碎，卻是實實在在可以控制、可以衡量品質的過程，我們當然能夠將之視為一種「結果」（見圖表4-5）。

有了這樣的認知後，我不再是只看結果的「隧道視野」，瑣碎的過程也充滿不少美景。而且，我不必等結果揭曉的那一刻才知道自己的成績，過程中就可以隨時檢視、檢討自己，到處都是改善的機會。

原來，把過程當作一種結果，竟然有這麼多好處。

圖表4-5　有品質的過程，本身就算一種階段性結果

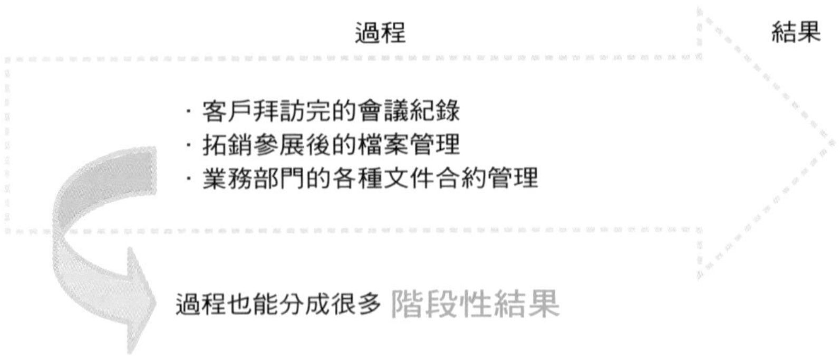

6 誰是這個案子的利益關係人？你得找出來

當更多人願意把每個動作的受益者，從自己延伸到其他部門和內外部客戶，本位主義就會降低，成就更市場導向、客戶導向的組織。

企業要避免遭到淘汰，甚至在產業內扮演不可或缺的角色，就要有能力傳遞明確的價值給客戶。而此處所稱的價值，絕非局限於製造業思維的產品價格扣除成本，更廣義的來說，技術能力、服務品質、回應需求的速度與彈性等，都包含其中。

因此，要在產業上、下游（外部環境）建構一條有競爭力的價值鏈，事實上是從組織內部環境打造起，也就是每一個傳遞價值的單位、個人，都要客觀檢視自己是否傳遞扎實的價值。當耗用的資源多過貢獻，單位或個人就成了企業的負債；相反的，貢獻大於耗用資源的單位或個人，才是企業的核心資產。

至於要如何擴大價值、提高競爭力？我認為「延伸」是最好的方式（見圖表4-6）。

首先是「時間軸」的延伸。例如業務人員拜訪客戶時，除了把心思放在短期內洽談的訂單，也要時常問自己：「時間拉長到一年、三年，我還可以為客戶帶來哪些附加價值？」有可能是成為客戶的市場情報員、技術顧問、策略聯盟夥伴，不管是哪一種可能性，提供給客戶的價值必須隨時間拉長而增加，並且從產品和服務項目的層次，提升到更高的格局，這是業務人員與管理階層的責任。

其次是「利益關係人」的延伸。舉例來說，採購單位在詢價或蒐集供應鏈

圖表4-6 「延伸」是擴大價值的最好方式

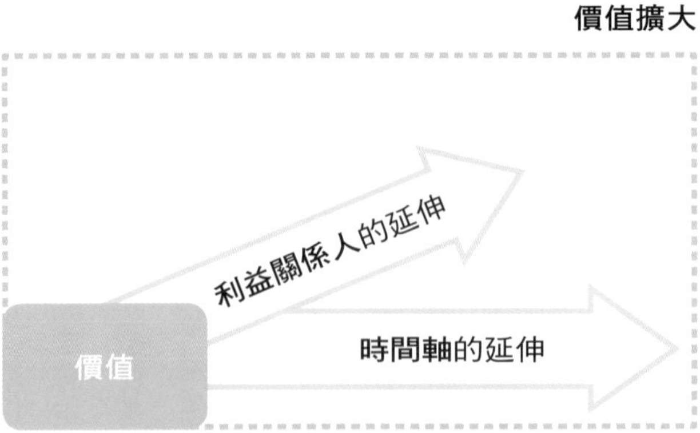

資訊時，不應該只局限在「採購」的觀點，還要思考行銷部門會如何使用成本來訂價，或是業務部門如何運用供應鏈資訊來掌握產業狀況。當更多人願意把每個動作的受益者，從自己延伸到其他部門和內外部客戶，本位主義就會降低，成就更市場導向、客戶導向的組織。

從單一時間點延伸到更長遠的視野，從獨善其身延伸到團隊合作，都可以讓原本看似平凡的例行工作有更高的價值。若是從個人做起，組織內勢必可以建立更精實的價值鏈，一家企業進而能在產業內建立更有競爭力的價值鏈。

過去以貿易和製造為核心專長的臺灣企業，必須更深入理解「價值」的意涵。價值不光是停留在產品本身，而是擴大到整體交易流程；價值也不光是用短期的交易金額衡量，它看的是你如何改變客戶的營運競爭力；最重要的是，傳遞價值的不光是業務或行銷部門——它是團隊合作的成果展現。

7 拉高客戶的移轉成本，他就不能離開你

當買賣雙方建立非標準化的程序，客戶未來要轉換供應商的成本也隨之增加。換句話說，這些提高的成本在未來某個時間點，就變成供應商的議價談判籌碼。

當客戶在標準的產品規格表上提出不同看法，要求增加各種客製化服務；又或者是對制式合約內容提出修改意見，投注時間、精力與我方研究修改的版本——面對這類的客戶需求，業務人員和後勤支援單位要以何種心態看待？這應該視為一種「正面」或是「負面」的訊號？

單就作業流程的效率來看，這些非標準化的需求拉長了銷售循環（sales cycle）和訂單履行（order fulfillment）的時間，似乎降低了效率。對那些本位主義的部門來

說，甚至會認為這些需求是種困擾。

但是，如果我們更全面的看待供應商與客戶的關係，這些客製化、非標準化的要求，都在提高客戶的「移轉成本」（switching cost）（見圖表4-7）。當買賣雙方建立了更複雜、更緊密配合的程序，未來客戶要轉換供應商的成本也隨之增加。換句話說，這些提高的成本在未來某個時間點，就變成供應商的議價談判籌碼。

提高移轉成本，麻煩變轉機

若是眼光和格局不夠大，只會看到短期內作業程序的增加；但是看得夠遠、想得夠廣，供應商反而應該張開雙

圖表4-7　針對「客製化」的不同思維

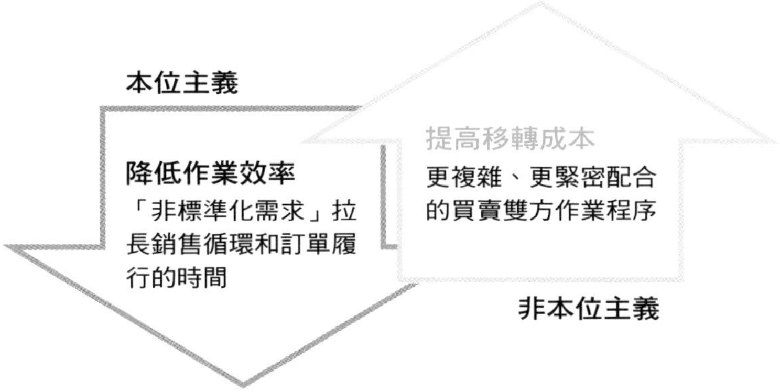

臂歡迎這一類的客戶要求。畢竟移轉成本提高，代表客戶關係的連結更強，也代表賣方議價能力提高，端看業務人員是否有足夠的敏銳度和判斷力。

好比洗車場處理ＶＩＰ客戶的車輛，有時客戶會提出各種客製化需求，如到府牽車、內裝細節希望一併清潔、指定品牌的打蠟材料等，這些要求當然提高了供應商的成本，但也同步提高了客戶的移轉成本。若是把這些瑣事做好，客戶就會越依賴你，你就越有無可取代的價值。

提高客戶的移轉成本有四個重點：

1. 辨識客製化需求是否累積在雙方的流程中，經歷學習曲線共同執行完成。
2. 確保客戶認知並認同客製化流程的價值，亦即願意將成本轉換成支付費用。
3. 在議價、議約的階段，業務要能凸顯客製化服務的價值，將之帶上談判桌。
4. 要協助客戶不只提高「成本」，也提高實際接收到的「價值」，雙贏才是商務關係的長久之道。

移轉成本一詞的字面解釋並不困難，多數人都能了解，然而在業務活動、顧客關係管理的實務操作上，卻有太多人對其意涵一知半解，以至於常把機會錯當成麻煩——看看辦公室裡多少人抱怨訂單、合約上的客製化內容，就可以理解了。

8 競爭力也能累積？請縮短三大學習曲線

不論個人、組織、企業、產業，都必須持續問自己：「今天累積了什麼經驗，可以用來提高明天的競爭力？」

當全球製造業以「經濟規模最大化」為前提，進行廠商之間的競爭和整合，市場必然走向兩大趨勢：第一是大者恆大，只有搶到領先地位的公司享有獲利空間，而且競爭差距會越拉越大；另一方面，多數廠商不會成為領導者，想要在市場存活下來就必須走向另一個趨勢，那就是少量多樣、高度客製化或技術門檻較高的利基市場。

在這樣的情況下，多數公司將面臨產品生命週期縮短、標準化產品減少的挑戰，過去在生產和研發累積的經驗，越來越難以複製和延續。簡言之，當只有少部分公司能靠經濟規模的商業模式成功，多數公司將成為「專案導向」的團隊。

不過專案導向的商業模式，若是沒有一套完整的管理系統，企業通常在專案結束後，就暴露在經驗和人才流失的高風險之下。因此，以客戶需求和客戶價值為核心，建構一套「競爭力可以累積」的管理系統，成為企業的當務之急。我將之簡單歸納為三個層面（見圖表4-8）：

一、縮短客戶服務的學習曲線。

由於少量多樣的趨勢，客戶的單一專案已經無法像過去一樣帶來龐大營收，不過業務單位若是能將服務客戶的流程標準化、精實化，就可以提高下一個專案、下一張訂單的管理效率。

二、縮短產品開發的學習曲線。

當A客戶的專案結束且已不看好後續產值，業務團隊應找出類似產品技術的B客戶、C客戶，以既有經驗作為新客戶開發的優勢。

三、縮短市場開發的學習曲線。

未來市場兩大趨勢
- 大者恆大
- 少量多樣、高度客製化或技術門檻較高的利基市場未來大部分的企業，都要跨入更多以往不曾接觸的新市場，因此在接觸新客戶、新專案的同時，業務團隊要能快速定義、快速歸納新產業的標準為何，並在管理一個新專案的同時，已經預先思考什麼樣的資源、知識，要累積到同產業的下一個專案。

以「洗車場服務ＶＩＰ客戶」為例，清潔類似車款的內裝多次之後，洗車場應該追求做得更快、更好，也就是縮短「客戶服務」的學習曲線；某客戶的要求成為一種新服務之後，洗車場可以思考還有哪些類似的要求，主動推出更多金字塔客戶需要的服務項目，這是縮短「產品開發」的學習曲線；最後是

圖表4-8　如何建構一套「累積競爭力」的管理系統？

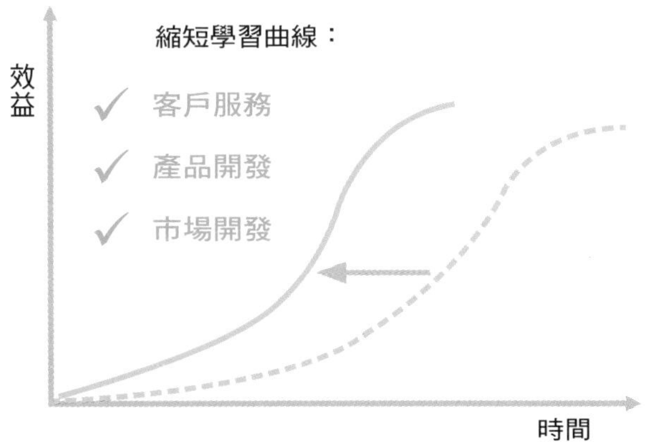

透過既有客戶的口碑介紹，更快速的打入高級車車主的社群，這是縮短「市場開發」的學習曲線。

在產業標準和市場規則變化越來越快的今日，建立可持續性的商業模式、永續經營的企業，將有越來越多挑戰。不論個人、組織、企業、產業，都必須持續問自己一個問題：「今天累積了什麼經驗，可以用來提高明天的競爭力？」這個問題恐怕會越來越難回答，但也越來越無可迴避。

9 服務力，就是我的超級競爭力

即使你有充沛的資金，可以在短期內興建華麗的辦公室、先進的生產設備，卻沒有辦法在短期內複製一間企業的服務力。

衡量一個經濟體是否先進與成熟，服務業占GDP（國內生產毛額）的比重是一個關鍵指標。以歐盟為例，約七成的工作人口與經濟活動都屬於服務業；亞洲國家當中，服務業增長的速度，也象徵產業升級與轉型的腳步。

有趣的是，在全球化、知識經濟、價值經濟的時代，服務不再只限定於服務業，它逐漸成為製造業、金融業、電子業甚至公共事業的競爭核心（見下頁圖表4-9）。觸摸得到、可以量化的硬體，不再是商業模式的主角；取而代之的是傳遞過程充滿變數、傳遞內容難以標準化也不易複製的「服務」。

服務不但在供應商與顧客之間的商業活動「反客為主」，任何一家企業要建立「服務競爭力」，還必須讓服務的精神灌輸到組織內部，成為一種企業文化和DNA。因為服務能力不僅是顧客面前的呈現，還必須從供應商的體質打造起。

舉例來說，客戶抱怨一家供應商的客訴處理流程沒有效率，從表層因素來管理，我們會加強客戶滿意度的追蹤機制、客服人員的教育訓練等。然而，客訴和任何品質問題一樣，都無法光靠業務、客服單位的努力，因為這是整體營運水準的表現。至於深層因素，是一家企業所有員工（特別是後勤支援單位）的責任心、顧客導向的意識等。

圖表4-9 服務成為不同產業的競爭核心

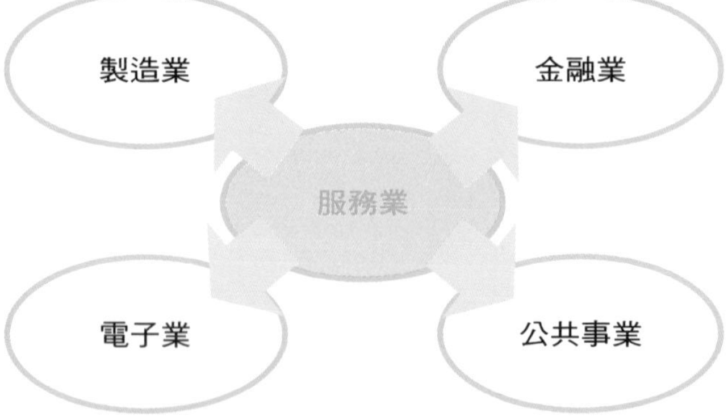

正因為深層因素不易管理，在企業內部培養服務力既耗時又費力，它反而成為一流企業建立競爭門檻的最佳武器。即使你有充沛的資金，可以在短期內與建華麗的辦公室、先進的生產設備，卻沒有辦法在短期內複製一間企業的服務力。

不論對企業或個人來說，建構服務力之所以困難，是因為服務的對象高度變動、無法預測。因此，服務力也可以被詮釋為「應對變化的能力」。面對顧客在尖峰用餐時段提出非標準化的要求，或是產品發生了操作手冊上沒有說明的問題，才能考驗第一線業務、客服人員的應變能力。

客訴處理流程沒有效率——

- 表層因素：例如客戶滿意度的追蹤機制、客服人員的教育訓練等。
- 深層因素：例如一家企業所有員工的責任心、顧客導向的意識等。

專欄 3

客戶旅程最佳化活用簡表

客戶從搜尋廠商資訊、詢價、下單、產品試用，一直到收貨、付款、售後服務等，就如同經歷了一段旅程。那麼這段旅程該如何最佳化？搭配表格，步驟如下：

1. 完整列出旅程中，客戶經歷哪些步驟、雙方專案團隊有哪些成員參與。
2. 盤點實際使用哪些表單、文件。
3. 透過表單及文件，釐清旅程中有哪些部分不方便、沒效率、能進一步改善。

● 表格

階段	步驟	專案團隊成員		時間（工作天數）	文件表單	關鍵瓶頸	因應對策
		供應商	客戶				
一							
二							
三							
四							
五							

● 範例

客戶名稱：×××公司

階段	步驟	專案團隊成員（供應商）	專案團隊成員（客戶）	時間（工作天數）	文件表單	關鍵瓶頸	因應對策
一	詢價	業務員	採購員	3	詢價單		
二	確認規格	工程師	工程師	7			
三	製作樣品	工程師	工程師	14	樣品確認單		
四	樣品測試		品管員	14	測試報告		
五	量產	生管員	採購員	60			
六	出貨	業務員	採購員	14	裝船文件		
七	收款	會計	出納	14	匯款通知單		
八							

B2B業務關鍵客戶經營地圖研習營現場報導

因為教育訓練和經營輔導的緣故，我曾和許多業務團隊一起檢討他們的業務流程（客戶旅程）。如果你和我一起經歷過這些大大小小的討論過程，肯定會非常驚訝的發現：「竟然有這麼多業務主管和業務員，不夠了解業務接單、專案執行的過程。」

舉例來說，客戶下單之後，負責確認產品規格的是「業務部」還是「研發部」？要正式回覆客戶交貨日期之前，需要製造部門的誰做最後確認？抑或是單憑業務人員的

經驗判斷，就可以先口頭答應客戶？在講究專業分工、團隊合作的今日，這些訂單履行流程充滿了各種模糊地帶，若是組織內的官僚主義、本位主義盛行，很容易就造成互踢皮球、甚至是作業錯誤，導致客戶服務品質下降。

然而實際情況是，目標導向的業務團隊常常把注意力放在「結果」（營業額、業績達成率、獲利率），反倒忽略了「過程」管理的重要性。客戶旅程最佳化的核心意涵，就是從客戶的角度出發，把訂單

（接下頁）

履行、專案執行的細節攤開來，從表單、程序、系統到政策，一項一項的檢討改善、精進。

許多高階主管在親自參與「客戶旅程最佳化」的專案會議後，都一致要求生產、研發甚至財務部門的同仁也要加入。原因很簡單，當我們深入分析客戶服務的流程會發現，它的成敗絕對不單是業務部門能決定，而是與企業內部每個部門、每位主管與同仁息息相關。廣義來說，企業內部的每一位員工，都是為了客戶而存在。

第五章

聚焦客戶決策中心

掃描聽更多，
本章關鍵字：「人」。

地圖探索・關鍵提問

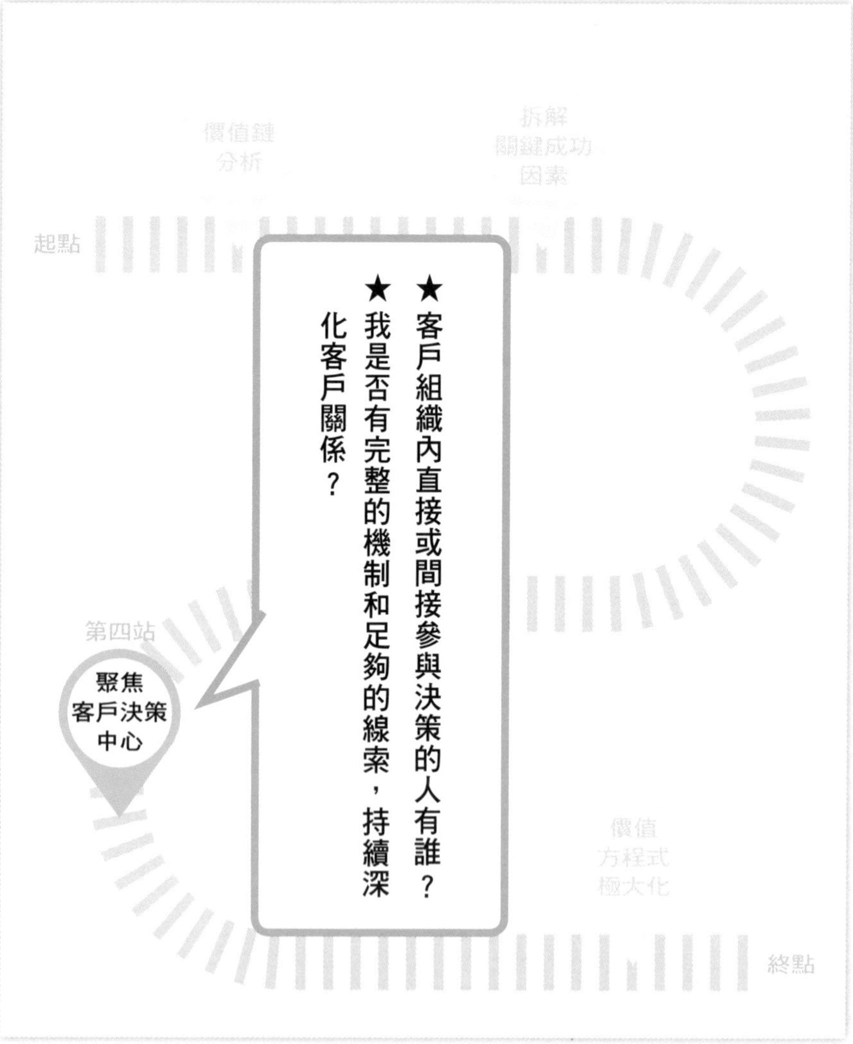
價值鏈
分析
拆解
關鍵成功
因素
起點
★客戶組織內直接或間接參與決策的人有誰？
★我是否有完整的機制和足夠的線索，持續深化客戶關係？
第四站
聚焦
客戶決策
中心
價值
方程式
極大化
終點

1 B2B客戶經營的最大挑戰：複雜的利害關係人

當業務人員缺乏對客戶利害關係人的敏銳度，常會聚焦在與採購單位的對話，卻忽略其他單位存在更大影響力的利害關係人。

「利害關係人理論」（stakeholder theory）是由愛德華・弗里曼（R. Edward Freeman）在一九八四年提出，指的是企業組織要成功運作、永續發展，就必須有一個符合各種不同利害關係人（股東、經理人、員工、顧客等）的策略，也就是達到「多贏」的目標。

相較於消費品產業，工業客戶管理的特性是：利害關係人更多、網絡更複雜。業務人員若沒有足夠時間的觀察與磨合，很容易顧此失彼，或是有見樹不見林的盲點。

客戶端的利害關係人除了採購人員，還包括技術部門、生產部門、品管部門、行政部門、管理階層的成員（見圖表5-1）。在任一專案或銷售流程中，如何正確辨識出這些關鍵角色，進而建立有效的溝通方式、良好的客戶關係，是所有工業產品業務代表的必修學分。

當業務人員缺乏對客戶利害關係人的敏銳度，很可能抱怨客戶給的價格太低、交易條件太嚴苛，也就是聚焦在與採購單位的對話，但是忽略其他單位存在更大影響力的利害關係人，可以驅動、改變這一次的交易流程。

不僅「對外」（客戶端）需要管理好利害關係人，「對內」也存在許多影響專案成敗的利害關係人，那就是自己組織內的後勤支援單位。很多時候習慣強勢主導的業務人員，對外開疆闢土無

圖表5-1 內外部的利害關係人網絡

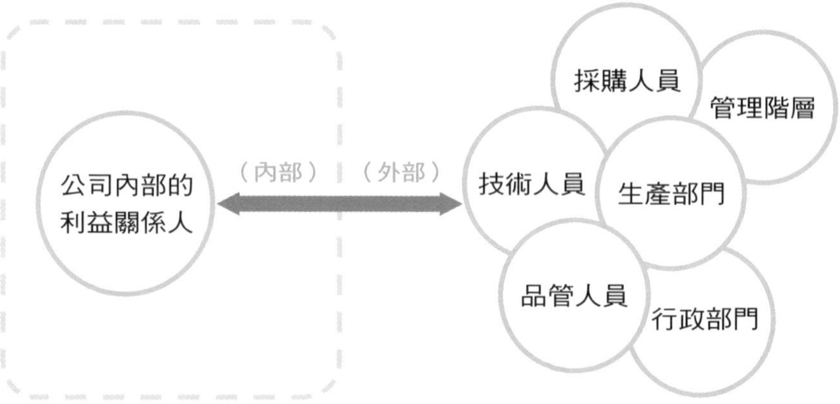

往不利，但是忽略了內部「人和」的重要，造成內部團隊合作的許多障礙甚至衝突。結果，外部客戶的管理非常順利，反倒是內部客戶阻礙了許多專案的進行。

我見過太多「市場管理」高人一等的業務主管，因為輕忽「組織管理」和「專案管理」的重要，以至於承接客戶大型專案之後，內部的工作分配、溝通協調都出了問題。若內部沒有真正良好的團隊合作，對外的行銷包裝、客戶關係做得再怎麼出色，也很難維持客戶滿意度與忠誠度，因為把酒言歡的顧客關係是表層的、短暫的，合作業務上的顧客價值才是扎實的、長久的。

把握衝突，順利拔樁

天秤的兩端，是重量的拉鋸，哪一邊的重量大，就向哪一邊傾斜。客戶在做決策時，心裡也有決策天秤，哪一邊的考量勝出，決策天秤就往那邊傾斜。業務人員的任務，就是扭轉天秤的狀態。

然而，正因為客戶組織內的利害關係人眾多，他們彼此間的商業考量、專業考量均有差異，甚至在某些情況下相互衝突。這樣的衝突（矛盾）和不平衡，其實也替業務人員和客戶進行議價談判，或是要到新客戶的組織內「拔樁」（轉而支持己方）

時，提供了關鍵的突破口。

舉例來說，採購經理的目標是買到最具價格競爭力的機器，但是生產單位希望以操作便利性、性能穩定度為優先考量。當兩種考量無法兼得，採購決策就是一種取捨的結果，向決策天秤的某一邊傾斜，既有供應商再怎麼努力的「固樁」，也很難面面俱到的滿足所有利害關係人。而那些無法滿足的需求，即為群體決策中的衝突點，以及後進廠商要搶客戶的切入點。

B2B市場利害關係人多、決策流程冗長、決策考量複雜，這些特性造成衝突點俯拾皆是。只要用心觀察加上耐心調查，就能找到許多談判和拔樁的施力點；相反的，缺乏策略思考的業務人員，很容易被困在單一對象、單一議題，最終陷在規格戰和價格戰的紅海市場。

客戶端的群體決策，雖然耗時較長、甚至導致組織內部責任模糊，不過它是專業分工時代無可避免的產物。業務人員若是了解這個道理，就要更細膩的分析客戶需求，進而辨識出未被滿足、存在衝突的部分何在。

當面對舊客戶，就永遠存在改善進步、精益求精的空間；至於爭取新客戶時，則要順勢從衝突點找到施力點，改變既有的決策天秤。

2 客戶資料卡不能只放客戶基本資料

如果業務主管可以看到細節裡的「魔鬼」，那麼他會發現：客戶資料卡真的不只是一個 Excel 或 Word 檔案那樣簡單，它所涵蓋的資訊甚廣。

業務部門是一家公司與客戶對接的第一線窗口，扮演了整合組織內、外部資源的重要角色。如何管理客戶資料，不僅牽涉到對單一客戶的服務品質，更關乎整個公司的競爭力。

有一次，我為某個業務部門診斷現況，當我向業務主管提起「客戶資料卡」，他腦中的畫面僅僅是一個 Word 或 Excel 的電子檔，請各個業務員填上負責客戶的公司名稱、基本資料，放到公司的內部網站上就可以交差了事。他看不出客戶資料卡有何重要性，也不清楚該發揮什麼作用。

這是傳統只懂得「救火」，而不知道如何建造更安全（更不容易失火）環境的主管類型。

當我帶著他檢視業務管理的細節，包括業務同仁異動時交接客戶的方式、客戶有緊急需求時如何快速找到對應窗口，以及業務員該怎麼掌握客戶目前的績效狀況，而不是等到月底才被動檢視管理的「落後指標」（營收、獲利）等，這位業務主管才看到管理系統上的諸多缺失。

客戶資料卡能做到什麼事？

那麼一份合格的客戶資料卡，應該包含什麼內容（見圖表5-2）呢？

除了納入客戶的基本資料、營運概況與組織現況，許多公司會忽略與客戶交易的流程細節（客製化需求），不過這也應該被詳細的記錄和更新，例如：包裝和運輸的配合方式、報關文件的製作格式、供應商審核與稽核流程等。甚至包括客戶的用餐習慣、個人嗜好、休閒活動等，若是可以把這些「軟資訊」（下一節會詳細解釋）都納入客戶資料卡，也會提升業務人員感性溝通的能力。

同時，客戶資料卡也應該是一種「動態」的概念，也就是要能呈現目前客戶經營的績效狀況，像是已出貨／未出貨訂單一覽、累計業績達成率、應收帳款逾期金額與逾期百分比等。經營客戶如同駕駛汽車一樣，你絕對不會接近終點時才去了解油箱、水箱、引擎溫度等狀況，而是在行駛過程就要隨時掌握，才有可能即時調整與應對。

更廣義的來說，客戶資料卡還可以呈現出管理的系統與邏輯。如果一個業務部門有十位員工，你可能會發現每個人對客戶郵件的整理、分類、歸檔方式都不同，電腦資料夾內關於提案建議書、報價單、訂單、合約等文件的存檔方式也不一致。在作業品質良莠不齊的

圖表 5-2　客戶資料卡的功能

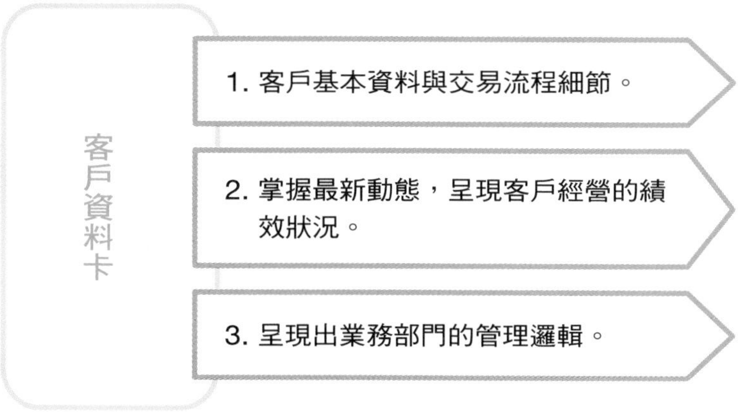
客戶資料卡
1. 客戶基本資料與交易流程細節。
2. 掌握最新動態，呈現客戶經營的績效狀況。
3. 呈現出業務部門的管理邏輯。

狀況下，誰又能保證和維持客戶服務的水準？看不到這些細節的主管，也很難將高階的管理策略落實到第一線。

如果業務主管可以看到細節裡的「魔鬼」，又能拉高視野去思考業務部門該如何抓緊客戶，以提升一家公司經營客戶的品質與績效，那麼他會發現：客戶資料卡真的不只是一個 Excel 或 Word 檔案那樣簡單，它所涵蓋的資訊甚廣。

3 資訊也有軟硬之分，客戶吃軟不吃硬

如何讓以銷售為目的的對話更加溫暖，無疑是業務人員開發陌生客戶時最重要的課題。蒐集並善用客戶的軟資訊，就是一個好方法。

世界上最需要「加溫」的，大概就是業務員和陌生客戶之間的對話。理由很簡單，兩個互不熟悉的人中間加入「推銷」這個元素，簡直就像在冷開水中再放入一些冰塊，註定有一個不怎麼溫暖的場景。

然而，在關係尚淺的對象面前，要將銷售的目的和氛圍去除原本就不容易，甚至會產生反效果。因為客戶面對不熟悉的對象，已經存有高度的不安全感，若是業務員不明確說明身分和來意，還在拜訪目的上創造模糊不明的空間，只會降低自己的可信度，甚至令人感到厭惡。

因此，如何讓一個以銷售為目的的對話更加溫暖，無疑是業務人員開發陌生客戶時最重要的課題。蒐集並善用客戶的軟資訊，就是一個畫龍點睛的好方法。

既然有軟資訊，那有沒有「硬資訊」呢？當然有，而且兩者差別非常明顯（見圖表5-3）。

一般來說，公司的客戶資料庫，記錄的都是客戶的各種硬資訊，如：電話、傳真、地址、交易紀錄等。硬資訊會告訴你關於客戶的許多理性訊息，也能讓你順利聯絡到客戶，但是對拉近關係一點幫助也沒有；相較之下，軟資訊如：家庭狀況、個人嗜好等，若能被善加運用，就會變成最理想的「加溫器」，即使面對的是多年前拜訪的客戶，也能創造一見如故的對話氣氛。

圖表5-3 硬資訊與軟資訊的差別

短短五個字，讓撲克臉卸下防備

當我在業界第一線從事業務開發工作的時候，總習慣在客戶的名片背後黏上許多便利貼。特別是那些見面當下沒有商機，但是又深具潛力的客戶，這些便利貼上面的備註資訊，就是未來再次見面時的重要情報。

我還記得有一次，一位電子業的資深採購主管在我首次登門拜訪時，展露十足的撲克臉，讓人難以親近。由於當時他手上所有專案都有穩定配合的廠商，短期內沒有合作的機會，我們第一次的拜會便在二十分鐘內快速結束。

這次見面，我只在他的名片背後記下五個字：「單車愛好者」；而這是我看到他穿單車品牌上衣後，隨口詢問之下得到的情報。

下一次的拜訪已經是一年後，迎接我的仍然是招牌的撲克臉，我想那應該是他面對陌生廠商的統一表情。但神奇的是，當我以「最近還有空騎單車嗎？」作為暖場話題，他的情緒立刻轉為好奇與熱情。好奇的是這一位不熟識的人，怎麼會記得這樣細微的小事；至於熱情的來源，當然是我提及了他最大的嗜好。

那一次見面，他先花了二十分鐘分享關於單車的趣事，接著才開始業務相關的話題。而我和他之間的對話，因為簡單五個字（單車愛好者），有了很不一樣的溫度。

4 調頻能力，就是你的人際溝通力

調頻能力好的人，可以做到有效的溝通；調頻能力差的人，大概就是所謂的「跳 tone」，嚇跑一堆顧客也不令人意外。

在有些人的刻板印象裡，業務工作和「推銷」被劃上等號，好像成為超級業務員非得要伶牙俐齒、口才過人。但是我們都知道，業務員給人的許多負面觀感，也正是從這些過於壓迫的行為而來。

因此，具備什麼特質才稱得上是好的業務人才？過去我簡化為「中庸」這樣簡單的答案，也就是不能太內向、也不能太外向，要有一定的感性、也要有一定的理性。不過中庸這個詞，人們較常聯想成被動或消極，總是需要多一些解釋才不至於讓人誤解，直到我遇見一個更生動的字眼——Attunement（調頻）。

這是美國著名的趨勢觀察家丹尼爾・品客（Daniel Pink），用來形容頂尖銷售能力用的字眼。意思是銷售員與人接觸時，能不能快速調整與人互動的「頻率」，順利接收對方的訊息，也順利傳達自己的訊息。

調頻能力好的人，可以做到有效的溝通；調頻能力差的人，大概就是所謂的「跳tone」，嚇跑一堆顧客也不令人意外。

鑑定調頻能力的三大項目

巧合的是，過去人資朋友問我如何辨識出適合的業務人員，我也會用「收音機」來比喻。

如果我們把一個人的表達方式，分為說話的速度（快慢）、音量（大小）、音調（高低）三種項目，好的業務人員能夠很快抓到該有的節奏和氛圍（見下頁圖表5-4）。面對高階主管談話不會過於輕浮，與關係良好的客戶互動又可以很快的熱絡；談論嚴肅的議題能夠專注認真，該放鬆時又懂得閒話家常。

相反的，如果一個人調頻能力不足，就很容易自顧著想講的事情，忽略了旁人的反應。我還記得有一次，某位業務員和客戶正在開會，原本的談話氛圍是很輕鬆的，進行到一半客戶接到一通電話，說完後表情就變得嚴肅。

業務員沒有注意到客戶的表情和態度有些微轉變，也沒有詢問客戶需不需要暫停或者先去處理要事，只是延續剛才的談笑風生，我在一旁為這位業務員捏把冷汗。果不其然，業務員接下來的玩笑話沒有人應答，氛圍尷尬、草草結束。

如果一名求職者在面試時就拿捏失當，將來他面對客戶時肯定也會發生許多失誤，對顧客關係和銷售成果帶來負面影響。所以面談業務人員的過程，考驗的正是這位候選人的銷售能力。他銷售的不但是自己，也銷售自己所擁有的專業知識、溝通能力。

招募單位的人資主管和用人單位的業務主管，不妨設計幾個具挑戰性、爭議性的

圖表 5-4 好的業務人員該掌握的表達方式

從表達方式，看出
「調頻能力」
1. 說話速度（快慢）。
2. 說話音量（大小）。
3. 說話音調（高低）。

問題，例如：「我不認為您的某項技能適用於這個產業，您認為那還算是一項優勢嗎？」、「我的看法與您完全不同，您覺得如何？」如此試著把你的「頻道」移開，觀察他有沒有亂了陣腳、甚至是信心潰堤，大概就可以看出他未來有沒有辦法面對難纏的客戶。

即使你對談的是非業務職人員，企業內的向上管理、向下管理、橫向協調，皆需要大量溝通，也都是影響他人、賣觀念給他人的行為。有鑑於此，銷售能力的強弱，影響結果甚鉅。所以你說，是不是「人人都是銷售員」呢？

5 人脈管理的基礎建設：名片

有些業務人員以蒐集名片的「數量」來競賽，但是最常發生的盲點是：「我認識他，他卻不認識我。」這樣的名片只能算是資料而非資源。

業務人員如何管理傳統的名片，在社群網路崛起之後依然是重要的課題，就如同印刷書籍很難立即被電子書取代。那要怎麼做呢？可分成三個階段（見圖表5-5）：

首先我們要確認管理名片的「平臺」，是使用名片簿、名片檔案盒（依英文字母排列），或是轉為數位化的電子檔（如 Excel 格式，或大量掃描為PDF檔）、CRM（Customer Relationship Management，顧客關係管理）軟體等。在大多數情況下，這些工具是被整合在一起使用的。

接著是依自己的產業特性、工作型態和習慣，系統化的做好人脈分類，諸如以產業別、公司別、社交活動別（研討會、俱樂部）做區分。若是某一類別的名片數量龐大，則進一步區隔為經常聯絡（放在手邊的名片本），或是存檔備查（容量較大的檔案整理盒）。

再者是界定維繫關係的方式，也是名片管理最重要的目的。有些業務人員以蒐集名片的「數量」來競賽，並引以為傲，但是最常發生的盲點是：「我認識他，他卻不認識我。」也就是花費許多心力蒐集、整理名片，但是沒有適當的管道去維繫彼此關係。那麼在真實世界裡，這樣的名片只能算是資料，而非資源。若只是蒐集了一堆名片，那麼實際產生的價值非常有限。

圖表5-5　名片管理流程

驀然回首，名片沒整理悔不當初

名片管理最有趣的地方在於，當我們歷練尚淺、人脈不多的時候，還不會意識到管理名片的重要性，而這也是一般工作者在三十五歲以前的寫照：累積「專業」來創造價值。

但是當我們工作多年、認識的人脈越多之後，可能已經拿過、且遺失過無數的名片。由於這也正值靠「關係」創造價值的階段，所以很多人往往這時才赫然發現，有一套名片管理系統是多麼重要。

以我自己來說，某年我剛換工作，到新的公司就要接手處理一個半導體客戶的客訴案件。在毫無人脈的情況下，客訴溝通只能訴諸於法，一切照規定走；但是若可以找到適當的關係，情和理的層次就容易處理得多。

而我前一份工作和新工作都以臺灣傳統製造業為大宗客群之一，理應有許多客戶群是重疊的，這樣的人脈資源應該可以延伸才對。可惜的是，我在前一份工作沒有意識到人脈延續的重要性，名片管理隨興、沒有系統，離職時瀟灑的揮一揮衣袖，也錯失了許多重要的人脈資源，但後悔也來不及了。

至於名片管理系統，不限定是安裝在電腦上的軟體，重點是我們有一套清楚的邏輯去蒐集、整理與應用名片。這就好比經營一間五星級飯店，我們絕對不會等到房客人滿為患的時候，才想到房間數量不夠、服務系統雜亂無章，然後才檢討系統升級、飯店擴建的計畫。聰明的經營者一定會將完整的軟硬體設施建置完備，然後游刃有餘的迎接源源不絕的房客（人脈）入住，聰明的業務人員也是如此。

最後，不管是經營飯店或是經營人脈，最重要的關鍵是：你必須端得出真材實料的好菜（價值），你的品牌才能永續經營，而名片上的對象才會變成你的貴人。

6 成為最懂客戶而非最懂產品的人

即使公司政策高喊「客戶第一」，但是問題發生的第一現場，會真實反映組織設計的弱點，騙不了人也做不了假。

B2B業務最典型的挑戰，來自客戶的組織設計多以「產品」為主軸，也可以稱之為「產品導向」的組織。但是中、大型客戶的需求，通常涵蓋兩種以上的產品線。當客戶期望供應商能提供單一窗口服務（one-stop service）時，需要的是以「客戶」為主軸的組織設計，也就是一位能夠真正解決問題的客戶經理或業務代表。

基本上，產品導向和客戶導向的組織設計，是兩種不同的概念，以至於B2B業務在客戶管理的實務上，經常發生資源整合困難和溝通協調障礙。

舉例來說，A公司針對三種產品線（產業應用），劃分了三個事業部，每一類產品線的專家，理所當然的會出現在三個不同的事業部。然而A公司的前十大客戶，幾乎都有跨產品線的需求，要找一位合適的跨產品線客戶經理就成了一大挑戰。

就產品的專業知識來說，這位客戶經理很難在任何一種產品線，成為公司裡「最懂產品」的人，這一點包括客戶都清楚。就組織內的職權來說，這種吃力不討好的整合者角色，許多公司又將它指派給有潛力、肯吃苦的第一線員工，而他們不但沒有實質指揮其他部門的權力，也比公司內的許多產品專家資淺。

當客戶有特殊或緊急需求時，這位既不是最懂產品、也不是最有權力的客戶經理，指揮調度資源的效果會被打上很大的問號。即使公司政策高喊「客戶第一」，但是問題發生的第一現場，會真實反映組織設計的弱點，騙不了人也做不了假。

企業組織和制度的設計，原本就是一種取捨。所有的營運活動都是在不完美的環境下，找尋較佳（而不是完美）的

跨產品線客戶經理的挑戰：

專業知識　並非最懂產品的人
實質權力　並非最有權力者
→ 指揮調度效果令客戶懷疑

運作方式。上述產品導向的組織設計，可能會在研發、製造等面向帶來更大效益，因而成為業務團隊必須接受的「不完美」組織環境。

兩個可能的調整因應方向是：

1. **提高客戶經理在組織內的實質權力（職級／權限）**，讓他在客戶需要救火的時刻，發揮足夠的影響力。否則客戶一旦發現「單一窗口」只是口號，還是會求助真正掌握資源的人，而非客戶經理。
2. **客戶經理必須深入客戶的產品應用情況，以客戶所屬產業為核心來累積專業知識（而非以自身產品為核心）**。雖然客戶經理不會是最懂產品的人，但他至少要成為組織中「最懂客戶」的人（見圖表5-6）。

圖表 5-6 組織團隊中需要的客戶經理

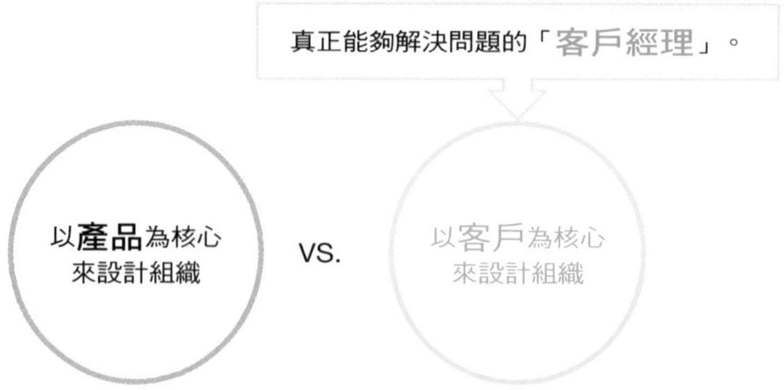

7 顧客關係管理，質化和量化同等重要

一個管理者對於隱含在「量」（顧客數量）背後的「質」（顧客素質），是否具備精準的解讀能力，通常會顯現在顧客關係管理的成果上。

顧客關係管理（CRM）有許多量化的數據可以參考，諸如：顧客數量、交易次數、訂單金額等。但是過度依賴量化的管理工具，也是許多CRM實務結果不如預期的原因。

好的CRM策略除了要有客觀的衡量指標，更重要的是在量化的數字上面加諸質化的判斷，這種管理者對市場與客戶的敏銳度，才是CRM策略分出高下的關鍵。否則若是數字可以說明一切，那麼管理工作不如全部交給機器人，但是我們都知道這不

可行。

質化分析的一個典型例子，就是同樣數量的顧客可能有完全不同的屬性，也代表截然不同的「顧客終身價值」（Customer Lifetime Value，顧客為企業帶來的收益總和）。一個管理者對於隱含在「量」（顧客數量）背後的「質」（顧客素質），是否具備精準的解讀能力，通常會顯現在CRM的成果上。

假設A、B兩家公司所經營的社群平臺，都累積了一萬名會員（粉絲），但為何兩家公司的後續結果大不相同（見圖表5-7）？

A公司吸引粉絲的方式，是透過附加價值不高的短期造勢活動，雖然衝出所謂的「人氣」（平臺流量），但是這一萬名粉絲的黏著度（忠誠度）可能非常低。因為用看熱鬧的活動經營一個品牌，當然就只會吸引到看熱鬧的

圖表 5-7　品牌價值，換取顧客終身價值

公司	手法	結果
A	短期造勢活動	平臺流量短時間上升，看熱鬧的人潮來去都快　量化
B	提高行銷文案的內容素質	顧客真正認同品牌，不容易流失，人潮變錢潮　質化

人潮。

同樣創造出一萬名會員，要成為顧客品質與黏著度都比較好的B公司，就必須提高行銷文案的內容素質，而不是文字數量，同時在會員平臺的架構上，延伸發展更多知識價值、附加效益與情感元素。如此在物以類聚的不變定律下，就會耕耘出真正認同品牌、不容易流失的顧客群，接著再透過可行的商業模式，將「人潮」轉換為「錢潮」。而這些連貫性、一致性的行銷資源投入，也才會轉換、累積成為品牌價值（brand equity）。

在過去，社群媒體的功用被狹隘的定位在拓展人際關係，而CRM的應用又被限縮在民生消費產業，這是傳統經理人必須完全改變的觀念。如今，市場環境的數位化已經不分B2C或B2B產業，從海運業者、化學公司到機械製造商，都有非常成功的社群經營案例。

那些走在前端的業者，透過新的媒體工具所建立的競爭門檻也在不斷擴大當中；反觀守著傳統觀念的企業，將會如同處於加熱溫水中的青蛙，身陷危險而不自知。

專欄 4

聚焦客戶決策中心活用簡表

相較於消費品產業，工業客戶管理的特性是「利害關係人」更多、網絡更複雜。要如何正確辨識出這些關鍵角色呢？搭配表格，步驟如下：

1. 以某一家關鍵客戶為例，列出客戶組織中，直接、間接參與交易決策的人有哪些。

2. 進一步分析這些人的角色、決策權高低、對我們公司支持度的高低，以及他們各自最在乎的考量點為何（例如：品質、價格還是交期），藉以聚焦在關鍵人物、關鍵議題上。

● 表格

角色	姓名	職務（部門／職稱）	直接決策權（高／中／低）	關鍵考量 1	關鍵考量 2	關鍵考量 3
發起者						
使用者						

影響者							
採購者							
核准者							
守門員							
決策者							

● **範例**

姓名	職務（部門／職稱）	角色	決策權（高／中／低）	對本公司支持度（高／中／低）	考量1	考量2	考量3
王○○	技術部／課長／產品設計	影響者	低	高	技術獨特		
李○○	採購部／專員／下單	採購者	中	中	價格	交期	供貨穩定
陳○○	品管部／經理／審核與稽核	核准者	高	不明	品質穩定	驗收方式	

業務小辭典

可以拿來分析的項目其實很多，舉例來說，就連「人際溝通風格」都能分析，而這會用到DISC個性測驗——這是許多企業廣泛應用的一種人格測驗，用於測查、評估和幫助人們改善其行為方式、人際關係、工作績效、團隊合作、領導風格等，共有四種結果：

一、支配型（D，Dominance）。

- **代表動物**：老虎。
- **特點**：愛冒險的、有競爭力的、大膽的、直接的、果斷的、創新的、堅持不懈的、問題解決者、自我激勵者、脾氣較差。

二、影響型（I，Influence）

- **代表動物**：孔雀。
- **特點**：有魅力的、自信的、有說服力的、熱情的、鼓舞人心的、樂觀的、令人信服的、受歡迎的、好交際的、可信賴的、容易情緒化。

三、穩定型（S，Steadiness）

- **代表動物**：無尾熊。
- **特點**：友善的、親切的、好的傾聽者、有耐心的、放鬆的、熱誠的、穩定的、團隊合作者、善解人意的、穩健的、較不具主觀意識。

四、嚴謹型（C，Conscientiousness）

- **代表動物**：貓頭鷹。
- **特點**：準確的、有分析力的、謹慎的、謙恭的、圓滑的、善於發現事實、高標準、成熟的、有耐心的、嚴謹的、容易語帶批評。

注意，每個人身上都有不同的DISC因子，只是占比高低的差別而已，也就是說，即使是穩定型的人，也會有好交際的時候，不要輕易的就幫他人貼上標籤。

B2B 業務關鍵客戶經營地圖研習營現場報導

你的業務團隊可能從來沒有認真討論過以下問題：

- 客戶點菜時偏好中式或西式？
- 某位國外客戶會不會用筷子？
- 客戶的家庭成員、居住地、交通工具為何？

諸如此類的問題皆屬於「軟資訊」，平常看似無關緊要，但當我們想拉近與客戶的關係時，這些資訊（甚至轉化為情報）都是非常重要的線索。

既然如此，為什麼大多數公司的內部資料庫，沒有完整記錄這些資訊呢？除了主管的要求不到位、業務同仁的執行不落實，業務部門流動率高也是原因之一。當資深的業務人員離職或輪調到其他部門，很多存在於他們腦袋中的寶貴客戶情報也跟著流失。

因此在研習營裡，我會針對客戶的產業特性、組織型態、工作方式，重新設計蒐集客戶情報的格式。同時讓第一線業務同仁參與設計、共同討論的過程，使他們更能理解軟情報的蒐集與運用時機，並充分認同這些情報的重要性。

第六章

價值方程式極大化

掃描聽更多，
本章關鍵字：「方案」。

地圖探索．關鍵提問

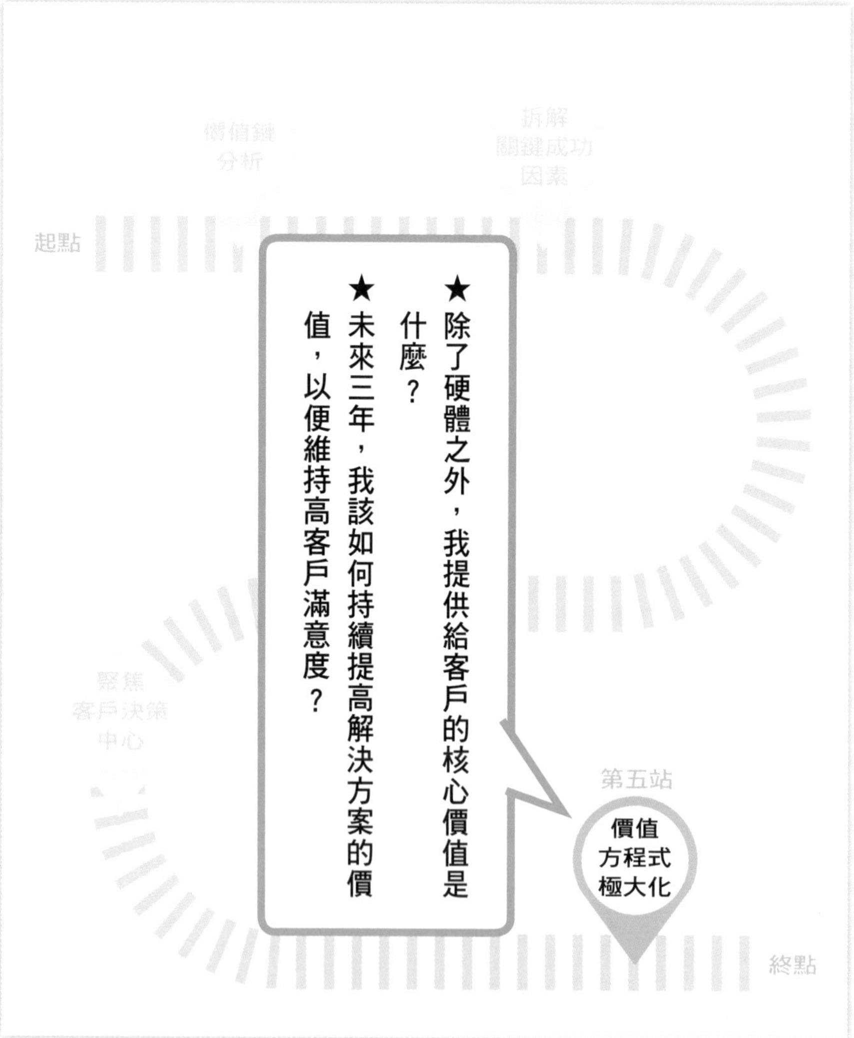
價值鏈
分析
拆解
關鍵成功
因素
起點
聚焦
客戶決策
中心
第五站
價值
方程式
極大化
終點
★除了硬體之外，我提供給客戶的核心價值是什麼？
★未來三年，我該如何持續提高解決方案的價值，以便維持高客戶滿意度？

1 除了調降售價的其他可能

客戶為了取得產品、使用產品，會經歷許多售前、售後的流程，把這些流程做得更好、更專精，就是一種提高效益的途徑。

如果你問一名B2B業務人員：「我們公司要如何提高競爭力？有什麼方法能爭取到更多訂單？」很多業務人員會說「調降售價」是一個好方法。

經常得到這個答案的原因，其實並不難理解——因為B2B業務人員大都了解產品的成本結構，也接收了來自四面八方的市場消息（競爭對手報價），所以很容易產生這種直觀的結論。

姑且不談這個結論的對或錯（因為依產業、市場、產品的不同，本來就難有標準答案），我想提醒業務人員的是：別輕易接受這個結論，更不要把它當成唯一的解決辦法和行動方案。原因有二：

1. 價格制定牽涉的因素很多，包括財務面、生產面、行銷面、企業策略等，在還沒有全盤了解之前，業務人員只需要盡到「回報市場情報」的責任，不必過度糾結於降價與否、降價幅度，那不一定是業務單位可以控制的議題。

2. 除了「價格」之外，傳達給客戶的「價值」高低，還另外受到許多要素影響，業務人員應該著墨在更全面、更廣泛的可能性。

舉例來說，客戶除了付出貨幣成本——也就是金錢，還有其他「非貨幣成本」，像是資訊搜尋成本、安裝使用的學習成本等，業務人員可以用更專業的服務，降低客戶的其他成本。

另一方面，除了「產品效益」之外，業務人員也可以想辦法提高其他效益，像是提供專業諮詢、產業情報、策略聯盟等。客戶為了取得產品、使用產品，會經歷許多售前、售後的流程（認證、包裝、運輸、安裝、保養、維修等），把這些流程做得更好、更專精，就是一種提高效益的途徑。

不管是降低成本或提升效益（見圖表6-1），都是翻轉交易模式、將客戶價值極大化的手段，而業務人員也不會被「價格高低」這樣單調的議題綁架。相反的，若是看不到更多元的成本和效益，銷售活動的談判協商就淪為低價值的數字遊戲。

每位業務人員都希望提升自己的競爭力，若是把焦點放在「價格」，那麼個人進步的空間就變少了；要是專注在價格以外的議題，透過降低成本、提升效益來創造客戶價值，那麼業務人員的個人價值也會跟著極大化。

圖表 6-1　翻轉交易模式、將客戶價值極大化的手段

2 除了「性價比」的其他可能

硬體品質和成本結構的改善有其極限，當廠商過度專注於狹隘的商業流程，把價值限縮在「性價比」這一類的定義，企業經營的框架就很難突破。

企業在產業鏈「傳遞價值」的過程中，最重要的任務就是確認自身的核心價值是什麼。我們也可以說，在把事情做對之前，先辨識什麼是對的事情。

臺灣因為擅長製造硬體，要把產品用又快、又好、又便宜的方式生產出來，所以在控制流程、成本方面的能力很強。但是用「控制」的概念來定義價值、創新價值，路恐怕會越走越窄。

舉例來說，機殼製造商為了在市場上推出具有競爭力的產品，非常專注在機構設計、生產製程、品質控管。當每一家廠商都搶著以更低價格、提供更高品質的機殼，產業就會繼續往專業分工的方向發展。

然而，硬體品質和成本結構的改善有其極限，當廠商過度專注於狹隘的商業流程，把價值限縮在「性價比」（Capability／Price，C／P值）這一類的定義，企業經營的框架就很難突破。未來的市場環境當然還是脫離不了專業分工，但是會有更多的價值來自於「整合」，這分別又來自於「縱向」與「橫向」延伸（見圖表6-2）。

用一般人比較好理解的B2C市場來舉例。假設你在觀光地區的

圖表6-2　整合的價值

・縱向延伸：往上、下游找到更多被利用的價值。
・橫向延伸：跨產業的策略聯盟。

商店販賣紀念品，目標是外來觀光客，所謂的縱向整合，一是往上游和產品製造商共同研究，有沒有更創新的點子，以做出更吸引觀光客的商品；二是往下游調查這些觀光客將紀念品帶回家後，如何和朋友分享、產生哪些樂趣，來更理解我們傳遞的理性、感性價值是什麼。這些都是圍繞在單一商品本身的縱向思考。

至於橫向整合，指的是如何和其他業者一起合作，把市場的餅做大。你可以找附近的餐飲店、遊樂場策略聯盟，印製聯合促銷的抵用券，讓雙方的客群可以互相流通，把價值橫向延伸。

在更開放競爭、更多變複雜的環境下，「價值」應該有一個更新、更廣泛的定義。硬體之外，企業層面的價值還包括：市場或產品的共同開發能力、策略聯盟等，業務人員的價值則是延伸到售後服務、專業諮詢、問題解決等。企業和個人給價值更大格局的定義，就會有更堅強的競爭優勢。

3 價值就是你與終端消費者間的距離

在消費人口、經濟實力都持續成長的趨勢下，我們有絕佳的機會去掌握終端消費習慣與偏好，成為創造「價值」的專家。

B2B業務工作的特性之一就是交易金額大，看似業務人員扮演了非常重要的角色。以同樣一種產品為例，負責國內市場的B2C業務員挨家挨戶的敲門拜訪，但其一年的成交金額，可能還不如海外市場B2B業務員一個月的交易金額。

然而業績金額高，一定代表業務員更了解產品，在銷售活動中扮演更高價值的角色嗎？我們不妨先拋開數字的迷思，重新思考。

在整體銷售活動中，看得到品牌、產品的真價值，並且有能力將價值傳遞給顧客，才是一名頂尖業務員的核心競爭力。但是在B2B的產業鏈中，反而因為直接交易的對象是企業客戶，忽視了產品在終端消費者手上實際帶來的效益為何。

雖然與企業客戶（代理商、通路商、貿易商）的交易金額龐大，但業務員談論的盡是訂價策略、傭金折扣、銷貨數量等硬資訊，至於產品帶給終端使用者什麼好處、如何改善人們的生活，業務員卻經常對此了解有限。

銷售員與採購經理、商品員的距離

只懂得分析數字，最終會讓產品成為交易活動的一項工具，而不是為了創造顧客價值而存在。當業務員只在乎買賣的金額以及數量，salesperson（銷售員）就變成了merchandiser（採購經理、商品員），因為他們並不關心銷售活動的最終端到底發生什麼事、帶來什麼效益。由此可見，上述兩種角色都圍繞著產品，意涵卻大不相同。

以貿易崛起的亞洲經濟體，過去擅長扮演 merchandiser 的角色。但要是我們只停留在熟悉價格、不了解價值的商業思維，在未來製造業不斷成熟進步、硬體差距不斷縮小的情況下，只懂得算計數字的商業模式，很快就會失去競爭力。

從另一個層面來說，亞洲已經逐漸從「世界工廠」轉變為「世界市場」。在消費人口、經濟實力都持續成長的趨勢下，我們有絕佳的機會去掌握終端消費習慣與偏好，成為創造「價值」的專家。也就是說，我們應該從整體供應鏈（價值鏈）的上游，逐步轉移到下游、終端市場（見圖表6-3），深入產品使用者的生活當中，觀察他們喜歡什麼、不喜歡什麼。一旦掌握了終端趨勢，待回過頭來做產品開發、生產製造活動時，才能夠實現真正的顧客導向、市場導向。

當我們把注意力從金額龐大的B2B訂單，先轉移到細微的B2C消費行為，建立市場第一線的洞見（insight），merchandiser才有機會變成salesperson，創造無可取代的品牌價值與永續經營的企業。

圖表6-3　找到產業和市場的真價值

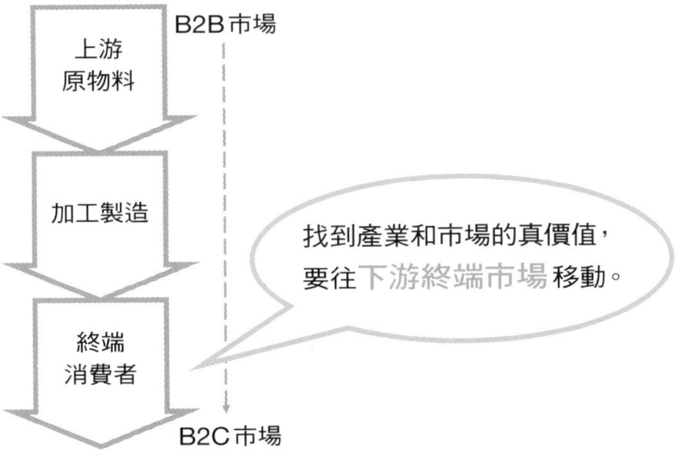

4 價值的具體化、數字化和視覺化

數字化也是把產品差異轉換成效益的重要方式，掌握越多數字的業務人員，就具備越高的說服力。

要從客戶的角度，來看產品的優缺點和效益，這是理所當然的事。但是在工業市場，我們經常被各種運作原理和產品規格給「綁架」，使用太多複雜的語言，卻忘了回歸到最基本的思考邏輯——「你和競爭產品的『差異』是什麼？」、「這個差異可以帶來什麼實質『效益』？」這兩個關鍵的問題，行銷業務人員一方面應該深入去研究，另一方面又要有辦法簡單回答。

我和一位B2B業務員討論市場開發狀況，他主要負責工廠流體管路系統中，泵、閥、管件等產品的銷售。因為產品的種類多樣，在不同產業的應用情況又不盡相同，他要完整回答上述兩個問題，顯得有些吃力。這也是許多工業產品業務人員，普遍存在的盲點跟挑戰。

如何說明產品間的差異和效益，讓客戶一聽就懂

要說明產品間的差異和效益，首先必須「具體化」。「品質比較穩定」聽起來四平八穩，卻是一個不夠具體的描述；以泵、閥等產品為例，應用上常見的困擾是洩漏、噪音、開關手把過緊（需要的扭力大）等問題，業務人員應該對特定使用情境下解決的前三大問題，有很具體的描述。

（×）不具體描述：我們的閥門品質很好。

（○）具體描述：我們的閥門符合「美國石油協會標準」要求。

其次是「數字化」，也就是把上述困擾的改善程度加以量化，用數字來呈現。針對減少洩漏的比例、噪音降低多少分貝、扭力實測的結果等，在設定的運作條件下，給予明確的實測或預測數字。數字化也是把產品「差異」轉換成「效益」的重要方

式，掌握越多數字的業務人員，就具備越高的說服力。

（×）資訊不確實，模棱兩可：噪音會變得比較小。

（○）資訊量化，用數字呈現：噪音降低三十分貝。

業務小辭典

- **美國石油協會（American Petroleum Institute，簡稱API）**：是美國唯一的石油行業協會，也是美國國家標準學會認可的標準制定組織。它所制定的API標準（石油、天然氣化工和採油機械技術）被許多國家採用，且具有API認證標誌的產品，被廣泛認為是高品質產品。

第三是「視覺化」。工業產品永遠有很多專業知識、技術資料，但是別忘了客戶的工程師、產品開發人員、採購員也是感官動物。行銷人員最重要的工作，就是在每一項產品的資料和數據中，找到最大的亮點跟賣點是什麼。用圖表說一個好故事，才能有效的讓產品優勢，在眾多選擇方案中脫穎而出。

（×）平鋪直敘資料和數據。

（○）用圖表抓住聽眾感官。

亞洲一向在工業產品的設計研發、生產製造，有非常傑出的能力。可惜的是，製造商普遍在行銷和業務上的著墨不夠，以至於好產品不一定得到相對的市場反應。

回歸到兩個關鍵：差異、效益，朝三個方向深化：具體化、數字化、視覺化（見圖表6-4），這是我對工業品牌行銷的建議。

圖表6-4　凸顯產品價值差異與效益的三個方法

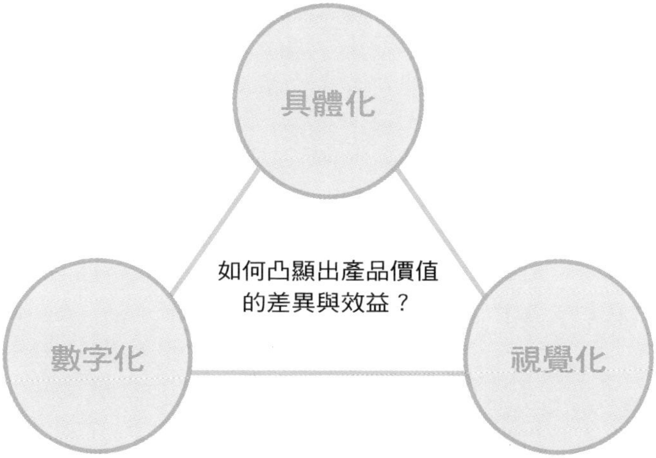

5 評估投資報酬率，看長也要看短

若只看短期損益，我們會發現許多產品毫無獲利空間，如：低價格、高規格的促銷車款。但是，為何市場上還是不斷出現這種破壞性訂價策略？

「資料庫行銷」（Database Marketing）一詞最早出現於一九八〇年代，透過資料庫的分析運作，廠商將廣告訊息傳送給目標族群，以促成銷售。這也是顧客關係管理（CRM）最初期萌芽的概念，著重在提高交易量。

然而，隨著市場環境的演變，CRM不能再只看交易量。因為交易過後留給顧客是正面或負面經驗，深深影響了企業長遠的競爭力，所以除了要對營收做出量化統計，也要做出質化分析，才能知道是和顧客建立了加分抑或扣分的關係。

從「創造交易」轉變到「深化關係」，這是CRM領域的一大趨勢。另一個重要的趨勢是，過去只看單筆交易價值，如今著重在顧客終身價值（見圖表6-5），兩者最大的差異是「看短」或者「看長」。

每賣一次就虧錢，為什麼廠商要做這種產品？

若是只看短期損益，我們會發現許多產品毫無獲利空間，如：低價格、高規格的促銷車款。就單次交易的營收扣除成本來看，廠商的確是虧損的。但是，為何市場上還是不斷出現這種破壞性訂價策略？

圖表6-5　CRM 趨勢轉變

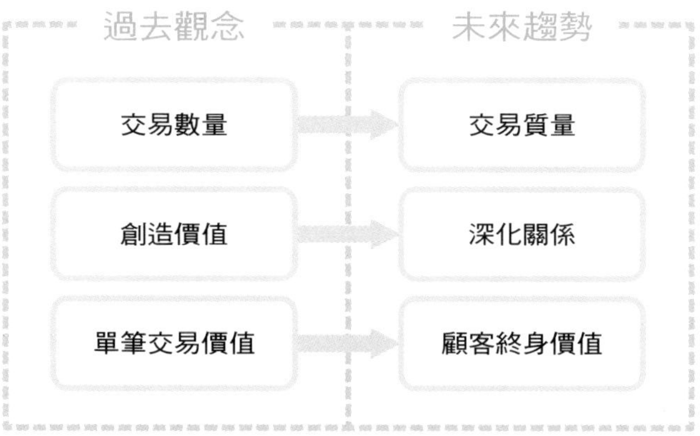

主要是擴大市場率後，來自售後服務、品牌綜效（帶動其他產品銷售）的利益足以超過初期投資。也就是說，把評估「投資報酬率」（Return On Investment，簡稱ROI）的時間軸拉長，顧客終身價值才是企業衡量行銷成效的基準。

業務小辭典

- 綜效：將兩個或多個不同的事業、活動或過程，結合在一起所創造出來的整體價值，會大於結合前個別價值之和的概念。

重視關鍵由交易金額大小到顧客關係品質好壞，代表管理者必須跳脫表面思考，具備更有深度的洞見（insight）；從單次價值到終身價值，則象徵策略的制定、執行與評估必須想得更遠。諷刺的是，在資訊爆炸、通路爆炸的時代，為了爭取曝光和上架的機會，多數產品採取了相反的策略。

不過，短期的銷售量並沒有辦法轉換成長期的品牌價值。至於那些願意耐心耕耘的品牌經營者，只要牢記並堅守品牌的核心價值，寒冬後頭總有春天到來。

6 客戶管理的三大新挑戰

所有企業都應自我定位為解決方案提供者，而不是限縮在硬體或服務的提供者。正因為是「量身打造」，因此所有解決方案都具備獨特的價值。

隨著產業和市場環境的轉變，客戶價值的定義與組成越來越複雜，客戶管理也面臨新的挑戰，勢必得採取新的解決辦法（見下頁圖表6-6）。

首先是**產品生命週期縮短**，使得企業在研發、生產、運籌等各個流程被壓縮，**每個環節的前置期都變得更短**。不管是面對外部客戶或內部客戶，反應速度若是無法提升，還停留在過去的節奏和思維，很有可能讓企業暴露在很高的品質、賠償、顧客流失等風險之下。

圖表 6-6 客戶管理三大挑戰

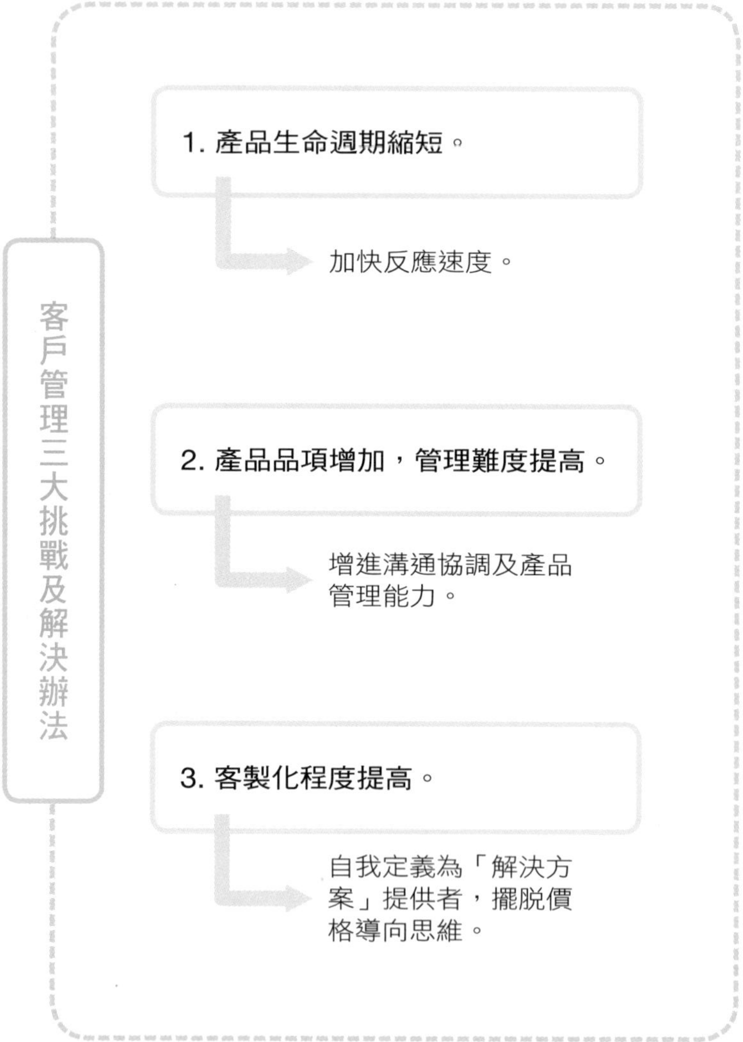
客戶管理三大挑戰及解決辦法
1. 產品生命週期縮短。
加快反應速度。
2. 產品品項增加，管理難度提高。
增進溝通協調及產品管理能力。
3. 客製化程度提高。
自我定義為「解決方案」提供者，擺脫價格導向思維。

以傳統產業為例，任何企業若是透過管理工具，去分析自己過去十年來因為「反應速度太慢」造成的損失（有形、無形；財務、非財務；外部、內部），可能會意識到「加快腳步」不僅是為了回應客戶需求，更是提升獲利的重要途徑。

其次是產品的品項增加，使得產品管理的難度提高了。過去「硬體取勝」的時代已經離我們遠去，任何企業要靠少數明星產品攻城略池的機會大幅減少。因此想在市場上創造差異化、保有獨特地位，大部分的供應商必須推出更多品項的產品，並且鎖定更小的市場區隔（見第二章第九節）。

舉個日常生活常見的例子：超商飲料架上的種類之多，正是產品種類快速擴張的最佳縮影。而在工業領域，不管是機械設備或電子產品，成品或半成品、零組件，也朝同樣的趨勢發展。為了符合輕、薄、短、小的設計概念，以及產品應用範圍不斷擴大，產品種類、規格的劃分越來越細，也考驗產品經理、業務代表的溝通協調和產品管理能力。

第三個趨勢，也是許多產業要走入藍海市場的必經之路，那就是客製化程度提高。在今日市場環境只懂得談產品的，通常都是那些沒有競爭力和獲利能力較差的企業。我們可以說，所有企業都應該自我定位為「解決方案」提供者，而不是限縮在硬體或服務的提供者。正因為是量身打造，因此所有解決方案都具備獨特的價值，也才能擺脫價格導向的思維。

這讓我想到有一次，我打算送洗一套西裝，當乾洗店到府收送我的西裝時，作業流程或許很標準化，但是服務人員對我需求的了解（偶爾會詢問我之前送洗過的另一套西裝，是否要一起送洗）、關係的建立，卻是獨一無二的。我想那些真正關心服務品質、服務態度的廠商，絕對認為自己在提供非常客製化的解決方案，理所當然他們也會獲得較高的顧客忠誠度。

還有一次，因為常光顧的乾洗店休息，所以我選擇了離家較近的另一間乾洗店。這家給我的感覺很不一樣：一樣有標準化作業流程，服務人員也很專業，只是說的話好似從員工手冊裡完全照抄下來，給我滿滿的距離感。

如此這般，在同一個產業（如：乾洗店），當然也有全部按照標準流程、缺乏彈性與熱情的廠商，以及訓練出來的一號表情服務人員。這樣用代工廠的精神去經營服務業，然後得到代工業的獲利水準，也就不足為奇了。

7 影響客戶認知的心理暗示

客戶在做採購決策前，很少有機會理性的分析過產品與服務的成本結構；大多數的採購決策都是被非理性的因素所影響，只是客戶從來不會說出口。

你可能也有過這樣的經驗：

購買民生消費品時，我們為了了解不同品牌的牛奶或礦泉水的售價，在超商的飲料櫃前面比較許久；但是，當我們打算買手錶、皮件等高價產品，來犒賞自己或餽贈友人時，對於價差的敏感度卻又降低許多。

「售價」從財務部門的觀點來看，它是絕對理性的數字，扣除成本之後得到的毛利，就是財務報表上的經營成果；但是從顧客的角度來看，很多時候它是非常感性的議題。從柴、米、油、鹽到工業產品，客戶在做採購決策之前，很少有機會先去做一次完整的市場調查，或是理性的分析過產品與服務的成本結構；相反的，大多數的採購決策都是被非理性的因素所影響，只是客戶從來不會說出口。

影響客戶認知是個心理暗示的過程

因此業務人員在塑造價值、提升價格上，扮演了很重要的角色，彷彿魔法師一般，能夠在不知不覺中影響客戶決策。也就是說，客戶對於價格高低和合理與否的認知，受到業務行為的影響甚鉅。

我們可以從幾個面向來思考（見圖表 6-7）：

1. 業務人員的行為舉止、外表儀態，是否和產品、服務呈現出一致的水準。整齊專業的衣著和談吐，絕對是塑造高品質、高價格的必要元素；但是高不可攀的形象，可能就不適合用在草根性較強的客戶。

2. 客戶認為自己在購買標準化的商品（commodity），抑或在選擇一個整體解決方案（total solution），取決於業務人員的溝通能力與心態。值得注意的是，若是業務人員本身也認為自己在賣「商品」，那麼拿著產品和客戶「論斤論兩」的討價還

圖表6-7　業務人員扮演的角色

業務人員扮演的角色

1. 個人形象與產品和服務的一致性。

2. 提供客戶整體解決方案的心態和能力。

3. 創造附加價值的能力。

4. 能否塑造適當的銷售情境。

價，也就不足為奇了。

3. 業務人員為客戶創造附加價值的能力，往往和他們為自己創造績效獎金的能力成正比。而附加價值又可以區分為商品、服務、流程等業務相關因素，或是來自情感、認同等人際因素。

4. 交易情境所塑造的客戶心理狀態，可能帶來主場優勢或客場劣勢。舉例來說，同樣一款手錶放在不同的展示櫃、門市地點，顧客對其價格的認知就會完全不同。而業務人員當然也是構成銷售情境的重要一環，這也是為什麼業務人員的破冰方式，能對後續對話產生天壤之別的影響。

如何提升價格、拉高獲利，絕對是所有經營者關心的事。在你打算設計更吸睛的包裝、擴建更多通路的同時，也別忘了提升業務人員的溝通能力與影響力。

8 五個觀念，讓自己成為高價值的工作者

如果每一次的業務會議都只談論「數字」，但是對數字背後的市場趨勢、產業發展著墨甚少，絕對沒有辦法成為知識型團隊。

在如今這個知識經濟時代，業務人員最好轉型為知識工作者，才能提供更多附加效益給客戶。

保險業務員不只要熟悉保單條款，更要延伸專業領域至金融、理財、投資，成為客戶全方位的顧問；工業材料業務員除了要了解產品規格與應用方式，還必須對產業上、中、下游的動態有所掌握，成為客戶最佳的情報來源。

要成為知識型業務人才，可以從五個觀念著手（見下頁圖表6-8）：

圖表 6-8 如何成為知識型工作者

如何成為知識型工作者

1. 高品質的資訊來源。
2. 用心研究客戶的文件與談話內容。
3. 走出實驗室、走入市場。
4. 投資在教育訓練。
5. 培養學習成長的文化。

1. 從現有的網路資源中，篩選出高品質的資訊情報來源，例如：網站的產業新聞專區、專業機構的電子報等，並養成定期閱讀的習慣。想一想自己一個月、一年當中，有多少時間是分配在「吸收新知」，大概就能客觀的定義自己是不是屬於知識型工作者。

2. 在B2B領域，不要把客戶要求的供應商審查與稽核流程視為例行公事，更不能當成敷衍了事的最低標準；用心研究來自客戶的文件，可以找出許多提升服務品質、加強客戶忠誠度的方法。在B2C領域，則要仔細推敲握有決策權的客戶所說過的每一句話，很多成交締結的線索就在其中。

3. 在顧客導向的時代，企業組織所有功能（部門）都是為了客戶而存在。因此，產品研發人員應該走出實驗室，多了解市場的實際樣貌；相對而言，業務員要花更多時間了解產品和技術原理，以便和客戶更深入對話。

4. 業務員參加研討會或教育訓練，不是一種額外的「成本」，應該視為重要的「投資」。多拜訪幾家客戶，或許可以提升下個月（短期）的業績；但是多充實自己，才能提升長期的競爭力。

5. 業務主管要成為知識型團隊的推動者，用鼓勵、引導、刺激思考的方式，帶動業務人員建立學習的文化。如果每一次的業務會議都只談論「數字」，但是對數字背後的市場趨勢、產業發展著墨甚少，絕對沒有辦法成為知識型團隊。若是業務人員本身非常重視知識的價值，關注的焦點就不會只限縮在訂單和業績。當我們願意把眼光放遠，投資更多時間在自己的腦袋，知識的價值自然會在銷售活動中發酵，賦予業務人員一個全新的定位。

9 趨勢大師眼中，專業人才的定義

好的業務人員必須提高自己溝通的層次，從以往的傳達資訊，進階到強化客戶對產品的信心，並且提升品牌和企業的形象。

日本趨勢大師大前研一先生為「專業人才」所下的定義，是具備預測力、構想力、議論力，以及適應矛盾的能力。在講究專業銷售的時代，這四種能力是業務人員應該修煉的「內功」。

然而，業務人員與客戶面對面的時間通常很短暫，如何讓表現在外的言行舉止留下專業的形象，也是一門重要的學問（見下頁圖表6-9）。否則，有可能我們在專業知識下了許多功夫，也在提案或售後服務上為客戶盡心盡力，但是因為不專業的行為讓一切的努力大打折扣。

特別是完全陌生或關係尚淺的客戶，因為對供應商了解不深，業務員的一舉一動很容易就形成了刻板印象，對於往後交易的成敗影響甚鉅。

業務人員可以用左頁十個原則來自我檢視（見圖表6-10），確保自己有專業的行為，並展現專業的形象。

當網路科技大幅提高資訊傳播的效率之後，業務人員若只是扮演產品解說者的角色，將會變得非常沒有價值。好的業務人員必須提高自己溝通的層次，從以往的傳達資訊，進階到強化客戶對產品的信心，並且提升品牌和企業的形象。

在客戶面前的專業行為養成習慣之後，也會全面提升一個人的工作品質和效率，從外在的行為，進一步影響到內在的思維甚至價值觀。我想這種「內外兼修」的境界，才能稱得上是真正專業的業務人才。

圖表 6-9 專業業務人員須內外兼修

圖表 6-10 專業外在形象十原則

項目	確認打勾
1. 習慣在出門前照鏡子，確認外表乾淨整齊、衣著恰如其分。	
2. 拜訪客戶時比約定時間更早抵達，永遠不要有遲到的可能性。	
3. 隨時攜帶筆記本和便條紙，把任何重要的情報記錄下來。	
4. 說話時少用「不確定性」的字眼，例如：或許、應該、可能等。	
5. 熟悉業界慣用的專有名詞，避免說出外行語言。	
6. 不要輕易打斷客戶的談話，「聽」永遠比「說」更重要。	
7. 控制「非業務相關議題」（閒話家常）的時間，不要讓它反客為主。	
8. 經常在會議的前、中、後歸納重點，確保對話聚焦。	
9. 謹記所有說出口的承諾，用超出預期的行動讓客戶感動。	
10. 創造被客戶利用的價值，它的回報會出乎意料。	

10 用左腦溝通，成交卻得靠右腦

人的左腦掌管理性元素、右腦掌管感性元素，兩者相輔相成可以達到最大的影響力。而業務員與客戶溝通，就是一個左腦、右腦同時運作的過程。

從供應商的角度來說，我們總是在做「理性」的事，包括產品的售價扣除成本得到利潤、預測銷售數量以規畫產線、銷售通路的資源配置；就連以人為本的服務業，也要對服務流程、人事成本做出嚴謹的科學化管理，才能確保商業模式順利運作。

毫無疑問的，缺乏理性的腦袋，沒有辦法讓一家企業成功。但供應商若是維持這些理性的思維去面對顧客，肯定會發生許多「衝突」，因為顧客看產品的角度、掌握的資訊、在意的環節都大不相同。即使是精打細算、看似理性的顧客，也在進行著極端不理性（感性）的消費行為。

顧客不是機器，他會有情緒

還記得二〇一四年，王品旗下的「原燒」餐廳推出十元硬幣換套餐活動，造成全臺大排長龍的人潮。因為名額有限，苦等多時卻換不到優惠的民眾大表不滿；而店家「提早發放優惠券」，更是成了抱怨民眾的宣洩出口，負面新聞占據各媒體版面，令我印象深刻。

為了爭取數百元的優惠，值得一個人徹夜排隊甚至破口大罵嗎？身為旁觀者和評論者，我們大都認為這是不理性的行為。然而，這正清楚詮釋了消費行為的特性，就像我們選擇黑色或藍色的鞋子、週末要吃義大利麵或中式料理，感性的消費決策充斥在生活當中，理性的分析有時候也無用武之地。

因此供應商面對顧客時，應該把內部管理的「左腦」切換到訴諸感性的「右腦」（見下頁圖表6-11）。就像「提早發放優惠券」，若是用在管理生產線上，那肯定是加速流程的好決策，因為物料、機器、輸送帶都沒有情緒，只需要明確的指令；只是當場景換到枯等數小時的排隊群眾，一點細微的情緒波動都能造成極大的衝擊，就像你我看到的新聞畫面。

那要如何切換到右腦呢？這關乎所有服務業要費心研究的課題——同理心。從顧客搜尋店家資訊、造訪門市、翻開菜單（或型錄）、接受服務一直到埋單離開，店家是否具備同理心，不是取決於宣傳單上的標語，而是發生在每一個互動的小細節。

若是第一線服務人員到管理階層，每個人都把「一日顧客」的體驗，當作教育訓練甚至例行工作，親自去感受消費的每一個流程，親自去體會排隊時的空間感、時間感，我相信很多關鍵又顯而易見的問題，不需要顧問、也不需要輿論，就能被管理團隊挖掘出來。

那麼，理性管理和感性管理跟業務人員有什麼關係？

圖表 6-11 左右腦分別訴諸理性與感性

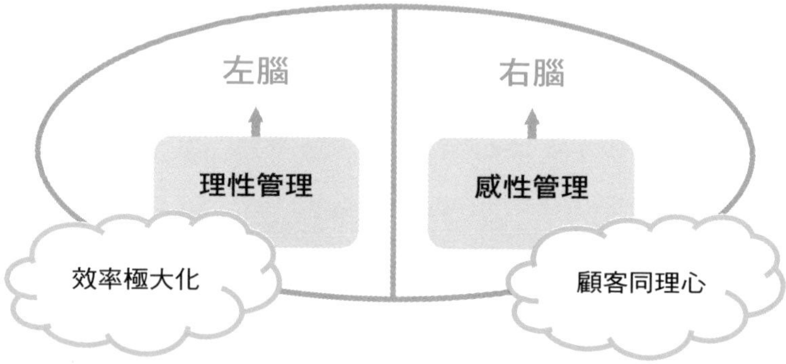

為什麼顧客認為我可信度不高？

人的左腦掌管理性元素、右腦掌管感性元素，兩者相輔相成可以達到最大的影響力。而業務員與客戶溝通，就是一個左腦、右腦同時運作的過程。

「本公司的品質穩定、售後服務快、顧客滿意度高。」從聽者的角度，你覺得這樣的陳述是偏向左腦，還是偏向右腦呢？我喜歡用「形容詞」的多寡來作為判斷標準。穩定、快、高，是三個不折不扣的形容詞，與數據、事實比較起來，屬於主觀、感性的描述，較不容易建立可信度。

此時若想把「左腦溝通」的比重提高，就要將形容詞轉換為客觀、理性的事實。用品質良率的百分比數字代替「穩定」，用幾小時內能到府服務代替「快」，再用顧客滿意度調查的實際統計，來代替「滿意度高」這樣抽象的描述。

（×）都用形容詞，如：售後服務速度很快　→感性
→可信度低

（○）用數字與事實，如：一小時內到府服務　→理性
→可信度高

如果一名業務員仔細記錄自己的說話內容，會發現與顧客溝通時自己用了許多形容詞。毫無疑問，這對建立可信度非常不利，因為形容詞無從查證。但是當他們換成數據和事實，就很容易提高顧客的信賴感。

全方位銷售專家成交的關鍵

從另一個角度來說，理性和客觀固然重要，但若是缺少感性的成分，業務員形象也會變得過度功利，往往無法通往成交的最後一哩路。特別是電子交易機制日益發達後，那些需要透過業務員來傳遞價值的產品，不能再一味強調性價比，否則人很快就會被有效率的電腦取代。

人與人之間的關係維繫、關懷互助、品牌忠誠度，終究還是需要經由右腦的感性溝通。因此，業務人才的育成階段必須走入人群，培養多元的表達、溝通能力，未來才有辦法成為交易價值的創造者，而非機械式的「比價專家」。

有上述正確的觀念，企業應該體認到業務人才的培訓不應該只有產品和專業知識，也就是不要局限在理性的左腦。感性的右腦雖然需要更多時間來開發和鍛鍊，但是從中建立的競爭力也是無可取代的。

更重要的是，我們的溝通對象——顧客，雖然表面看似理性，大部分的交易決策卻是由非理性的因素所影響。當我們能在有形的交易條件上打動顧客的左腦，又在抽象的交易氛圍感染他們的右腦，才稱得上是一名全方位的銷售專家（見圖表6-12）。

圖表6-12　全方位銷售專家須注意左右腦平衡

全方位的銷售專家
左腦
用客觀的「事實」，取代抽象的「形容詞」。
右腦
走入人群，培養多元的表達與溝通能力。

11 產品的溫度，能取代所有性價比

即使是任何產業專家或產品達人，都必須謙卑傾聽顧客需求。因為，你永遠會從他們身上學到東西。

以前的我，存在很深的製造業與貿易業思維，甚至到現在也偶爾會陷入這樣的迷思：主宰品牌競爭力的是「性價比」。即使我們研究了行銷策略和軟實力，但是回歸到營運面和市場操作時，被性價比觀念綁架的情況還是會發生。

最近，一位客服部同仁跟我分享產品維修的案例，又再次警惕我不要陷入性價比的框架……。

一位顧客多年前向我們購買的體重計故障了，產品早已超過保固期，但是他親自送到公司來，希望我們能讓這臺體重計恢復正常運作。客服人員評估後發現，故障的零件不但要價不菲，而且需要整臺機器澈底拆裝才能修復，費用相當可觀。

客服人員建議他選購其他新的機型，因為新購價格只比維修費用高一些而已，處理眼前這一臺已停產的舊機型很「不划算」。令我們意外的是，這個提議直接被顧客拒絕，他還是希望盡可能將舊機器修好，甚至表示不在乎維修費用較高。

最後我們依照顧客要求，選擇比較「不划算」的解決方式，舊機器總算被維修完成；即使花了較高費用、較長時間，卻是符合顧客期待且賓主盡歡的結果。

雖然這只是一個小小的案例，但是給了我深刻的啟發——很多時候，我們以規格、價格、交期來定義產品和服務是否有競爭力，看似專業的角度卻忽略了品牌廠商最核心的價值：情感（見下頁圖表6-13）。

顧客需求賦予產品的溫度

我們的客服同仁沒有機會進一步了解，這位顧客和產品間有什麼故事。然而，我相信對這位顧客來說，一臺很划算的新產品，都不如眼前的舊產品來得有溫度。

我猜想，是不是這臺舊機器承載了某一段生活回憶？或者，它是深具紀念性的禮物？實際的原因我不得而知，但是我知道，性價比和成本效益對這位顧客來說並不適用。諷刺的是，連身為品牌商的我們，都差點忽略品牌愛好者的感受，只用理性條件來思考解決方案。其實每一個人應該都是感性的動物，不是嗎？

那些理性的競爭條件（如：品質、價格、交期）容易被複製抄襲，但是感性的品牌價值深藏在顧客心中，具有獨特性和黏著度，才稱得上是無可取代的競爭力。所有廠商都應該理解，即使是任何產業專家或產品達人，都必須謙卑傾聽顧客需求。因為，你永遠會從他們身上學到東西。

圖表 6-13 品牌的核心價值

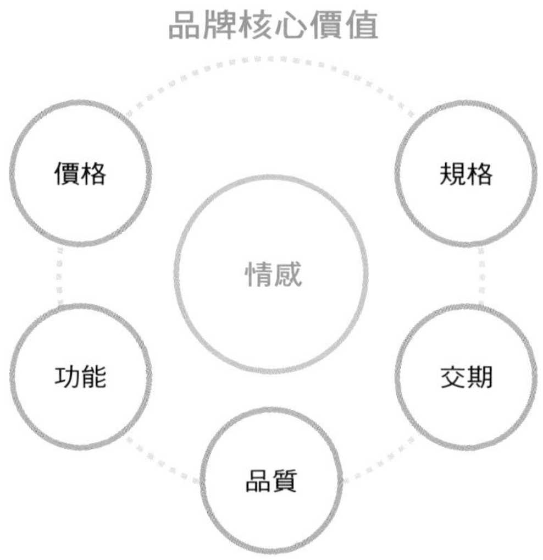

專欄5

價值方程式極大化活用簡表

客戶使用我們的產品和服務，會獲得各種直接或間接的效益，也要付出各種形式的成本（金錢、時間、勞力等）。

把效益作為價值方程式的分子、成本作為分母，再透過團隊腦力激盪，找出各種提高效益、降低成本的可能性，就可以把我們提供給客戶的價值極大化。在利用表格逐一列出項目的過程中，也有助於我們理清思緒，優先改善排序較前的項目。

● **表格**

類別	項目說明	改善排序	提高客戶價值的對策
效益			
成本			

● 範例：提升效益

項目說明（部門功能）	改善排序	對策說明
研發設計	2	
生產管理	1	加強與上游供應商的串聯整合。
運輸包裝		
售後服務	3	

項目說明（時間）	改善排序	對策說明
出貨前	2	
出貨中		
出貨後	1	提供更多技術優勢的行銷文宣。

● 範例：降低成本

項目說明（部門功能）	改善排序	對策說明
研發設計	1	完善樣品驗證流程，減少樣品測試次數。
生產管理	2	減少出貨項目錯誤或短裝情形。
運輸包裝		
售後服務	3	

項目說明（時間）	改善排序	對策說明
出貨前	1	加強外觀檢驗的判讀與把關，減少不良品流出機會，降低退貨（逆物流）費用。
出貨中	3	
出貨後	2	及早提供裝船文件，減少因為延誤提貨產生的海關倉儲費用。

B2B業務關鍵客戶經營地圖研習營現場報導

「價值」對很多業務人員來說，是極其抽象的概念。但是在經歷客戶經營地圖一連串的觀念洗禮、腦力激盪後，業務人員必定對「改變價值」的可能性，產生各種想法。

客戶經營地圖從價值鏈（第二章）出發，引領業務人員從較高的角度、較大的格局來定義一間公司的價值，再於CSF的單元（第三章），以競爭對手為比較基礎，釐清我們提供的「相對價值」是什麼。

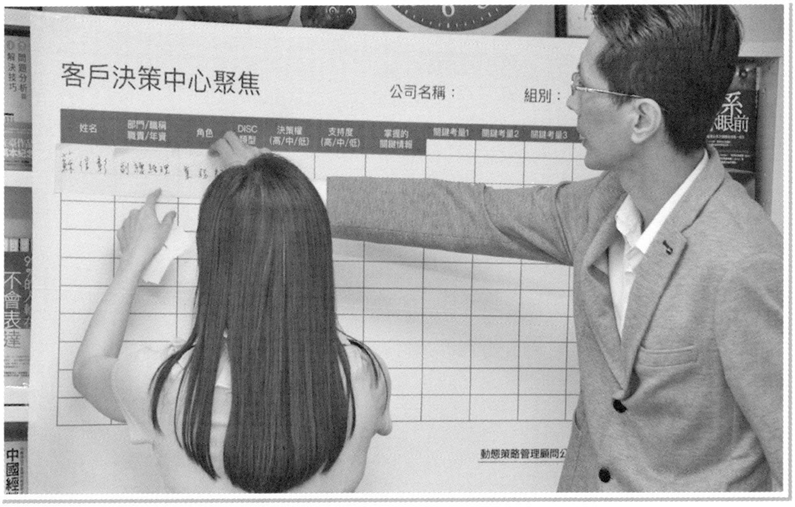

接著，客戶旅程單元（第四章）縮小到「流程」的範圍，客戶決策中心（第五章）則是聚焦在「人」。如果你的營運團隊在研習營經歷了上述單元之後，手上肯定有許多專案必須落地執行。

舉例來說，為了改變在價值鏈上的角色，採購部門應該在一年內開發某品項的新供應商，以擴大現有的供應鏈布局；或者在專案流程上，將現有管理表單的設計最佳化，好讓內部資訊的交換更準確、更即時。

（接下頁）

上述這些想法，需要逐步討論「立案」的可能性，包括公司政策是否支持、內部資源是否足夠，確定成為專案後，則是指派專案經理與組建專案團隊成員。未來這些專案透過定期追蹤與修正，在營運上帶來改變、讓客戶享受到更好的服務，也就是價值方程式（第六章）被改寫了。

從價值鏈的大方向出發，在落地執行的價值方程式結束，這便是關鍵客戶經營地圖的完整循環。

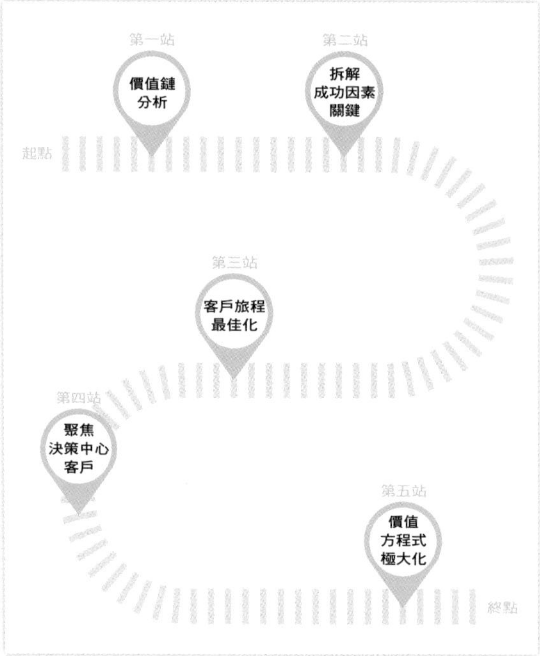

結語

多摔幾次就會騎腳踏車了——銷售不用這樣學

在我踏入職場的第一份工作（銷售員），許多前輩告訴我，業務工作很講究個人的資質和天分，是很難被複製和學習的。一度我接受了這樣的說法，所以我們將少數頂尖的業務員定位成超級明星，也過度美化（神化）了他們的際遇。畢竟，扣人心弦的故事才有收視率。

這讓我想起小時候第一次接觸腳踏車，自己摔了好幾次四腳朝天。我問大幾歲的鄰居玩伴是怎麼學會的，他只笑說：「多摔幾次就會了。」這個答案真是令人感到挫折，而且無所適從。玩伴得意的笑容，彷彿在凸顯自己的天分過人。

直到老爸很有耐心的引導我，把學習的重點分成「手、腳、眼」三大部分：先練習雙手牢牢的握緊把手，不要輕易晃動；再學習腳踩踏板的時候維持固定的節奏，不要忽快忽慢；另外是眼神專注看著前方，不要東張西望、徒增緊張。

當我們把一件看似複雜、沒有規則的事情拆解之後，突然間我有更清楚的學習方向，也能夠更明確的找到自己的缺點，一步步調整修正，就像手握地圖一樣，不再霧裡看花、盲目摸索。

小孩子學習騎腳踏車是如此，大人學習管理知識、職場技能，又何嘗不是？過去二十年我所接觸的銷售工作越來越複雜，牽涉到的產業、部門和層級也越來越廣。如果把這些經驗比喻成騎腳踏車，我應該是能操縱更多類型的車種，可以克服更嚴峻的道路和環境了。

但是我看待客戶經營與管理這件事，反而有化繁為簡、條條大路通羅馬的感受。這正是我設計Ｂ２Ｂ業務關鍵客戶經營地圖的初衷：協助更多企業與銷售專業人士，更有系統的描繪出客戶經營藍圖。

每一間企業都應該重新審視自己，要提供什麼核心價值給客戶，透過內外部資源的整合、解決方案的升級，不斷強化自己扮演的角色。而這些思路，我認為都可以透過Ｂ２Ｂ業務關鍵客戶經營地圖找到捷徑，與產業先進們共勉之。

國家圖書館出版品預行編目（CIP）資料

B2B 業務關鍵客戶經營地圖：一張 A4 紙，五大關鍵思考，客戶從此不亂殺價不砍單，搶著跟你做生意。／吳育宏著. -- 初版. -- 臺北市：大是文化，2020.06
272 面；17×23公分.--（Biz：326）
ISBN 978-957-9654-83-8（平裝）

1. 顧客關係管理　2. 銷售管理

496.5　　　109004984

Biz 326

B2B業務關鍵客戶經營地圖

一張A4紙，五大關鍵思考，客戶從此不亂殺價不砍單，搶著跟你做生意。

作　　者／吳育宏
責任編輯／張慈婷
校對編輯／張祐唐
美術編輯／張皓婷
副總編輯／顏惠君
總 編 輯／吳依瑋
發 行 人／徐仲秋
會　　計／許鳳雪、陳嬅娟
版權經理／郝麗珍
行銷企劃／徐千晴、周以婷
業務助理／王德渝
業務專員／馬絮盈、留婉茹
業務經理／林裕安
總 經 理／陳絜吾

出 版 者／大是文化有限公司
臺北市衡陽路7號8樓
編輯部電話：（02）23757911
購書相關資訊請洽：（02）23757911 分機122
24小時讀者服務傳真：（02）23756999
讀者服務E-mail：haom@ms28.hinet.net
郵政劃撥帳號／19983366　戶名／大是文化有限公司

法律顧問／永然聯合法律事務所
香港發行／豐達出版發行有限公司
Rich Publishing & Distribution Ltd
香港柴灣永泰道70號柴灣工業城第2期1805室
Unit 1805, Ph.2, Chai Wan Ind City, 70 Wing Tai Rd, Chai Wan, Hong Kong
Tel：2172-6513　Fax：2172-4355　E-mail：cary@subseasy.com.hk

封面設計／孫永芳
內頁排版／顏麟驊
印　　刷／鴻霖印刷傳媒股份有限公司

出版日期／2020年6月初版
2020年9月初版3刷
定　　價／新臺幣380元
ISBN　978-957-9654-83-8